普通高等教育"十二五"规划教材

建筑结构选型

主 编 干 惟
副主编 金 玉 耿翠珍

U0294402

中国水利水电出版社
www.waterpub.com.cn

内 容 提 要

本教材为普通高等教育"十二五"规划教材,全书分为绪论、建筑形体与结构布置、楼屋盖结构、梁、桁架结构、拱结构、单层刚架和排架结构、平板网架结构、薄壳结构和折板结构、网壳结构、悬索结构、大跨度空间结构的其他形式、多层与高层建筑结构、楼梯结构共 14 章。在教材内容上侧重结构选型的基本概念在工程中的应用和结构构件的估算,并注重了理论与实践相结合,教材与现行规范相一致,教学与国家注册建筑师考试相统一的原则。

本教材可作为大学本科建筑学及相关学科的学科课教材,也可供从事建筑及相关专业的技术人员参考。

图书在版编目（ＣＩＰ）数据

建筑结构选型 / 干惟主编. -- 北京 ：中国水利水
电出版社，2012.6(2019.1重印)
普通高等教育"十二五"规划教材
ISBN 978-7-5084-9696-2

Ⅰ. ①建… Ⅱ. ①干… Ⅲ. ①建筑结构－高等学校－
教材 Ⅳ. ①TU3

中国版本图书馆CIP数据核字(2012)第127907号

书 名	普通高等教育"十二五"规划教材 **建筑结构选型**	
作 者	主编 干惟 副主编 金玉 耿翠珍	
出版发行	中国水利水电出版社 （北京市海淀区玉渊潭南路 1 号 D 座　100038） 网址：www. waterpub. com. cn E - mail：sales@waterpub. com. cn 电话：（010）68367658（营销中心）	
经 售	北京科水图书销售中心（零售） 电话：（010）88383994、63202643、68545874 全国各地新华书店和相关出版物销售网点	
排 版	中国水利水电出版社微机排版中心	
印 刷	天津嘉恒印务有限公司	
规 格	184mm×260mm　16 开本　12.25 印张　290 千字	
版 次	2012 年 6 月第 1 版　2019 年 1 月第 2 次印刷	
印 数	3001—4500 册	
定 价	**36.00 元**	

本教材为普通高等教育"十二五"规划教材，属于建筑学及相关学科的专业课教材，全书分为绪论、建筑形体与结构布置、楼屋盖结构、梁、桁架结构、拱结构、单层刚架和排架结构、平板网架结构、薄壳结构和折板结构、网壳结构、悬索结构、大跨度空间结构的其他形式、多层与高层建筑结构、楼梯结构共 14 章。

本教材是建筑艺术与工程技术相结合的综合性教材。作为一名建筑设计者必须掌握一定的建筑结构选型知识，才能正确运用结构知识和技巧，将建筑构思与结构构思有机融合及巧妙运用，使之相得益彰。

本教材编者结合自身设计、教学和科研的体会，并考虑到建筑学及相关专业的毕业生在今后工作中进行结构计算的机会较少，而更需要从概念设计上掌握建筑结构选型。因此，在教材编写过程中，编者注重理论与实践相结合，教材与现行规范相一致，教学与国家注册建筑师考试相统一的原则。在内容上，本教材侧重结构选型的基本概念在工程中的应用和结构构件的估算，加强概念理解，使学生在获得知识的同时，逐步培养和提高应用知识的能力，有利于解决各种工程实际问题。因此，本教材对于培养应用型高等建筑学专业及相关学科人才尤为适用。

各位参编人员为本教材的出版付出了大量的时间和精力。具体编写情况如下：第 1～4 章、第 9～12 章和第 14 章由浙江科技学院干惟编写，第 5～8 章由嘉兴学院金玉编写，第 13 章由浙江树人大学耿翠珍、浙江科技学院干惟编写。全书由干惟最终统稿。

在本教材的编写和出版过程中得到了领导、同行、编辑和出版社的大力帮助、支持。在此表示深深的敬意和感谢。

希望本教材的出版能给读者带来有益的帮助，另外，虽然经过仔细核对，但由于编者水平有限，书中难免存在不足之处，希望读者和专家批评指正，便于今后改正。

编者

2012 年 3 月

目录

前言

第1章 绪论 ……………………………………………………………………… 1

1.1 建筑结构的基本要求 …………………………………………………………… 1

1.2 建筑结构的分类 ………………………………………………………………… 2

第2章 建筑形体与结构布置 ……………………………………………… 3

2.1 建筑形体的形成与变化 ……………………………………………………… 3

2.2 结构布置的原则 ……………………………………………………………… 5

2.3 结构构造要求 ………………………………………………………………… 9

思考题 …………………………………………………………………………… 13

第3章 楼屋盖结构 …………………………………………………………… 14

3.1 概述 …………………………………………………………………………… 14

3.2 肋梁楼盖 ……………………………………………………………………… 15

3.3 井式楼盖 ……………………………………………………………………… 16

3.4 密肋楼盖 ……………………………………………………………………… 18

3.5 无梁楼盖 ……………………………………………………………………… 20

3.6 装配式楼盖 …………………………………………………………………… 22

3.7 无粘结预应力混凝土楼盖 …………………………………………………… 23

思考题 …………………………………………………………………………… 25

第4章 梁 ……………………………………………………………………… 26

4.1 概述 …………………………………………………………………………… 26

4.2 梁的受力特点 ………………………………………………………………… 29

4.3 钢筋混凝土梁的构造 ………………………………………………………… 31

思考题 …………………………………………………………………………… 31

第5章 桁架结构 ……………………………………………………………… 32

5.1 概述 …………………………………………………………………………… 32

5.2 桁架结构的受力特点 ………………………………………………………… 32

5.3 屋架结构的形式与布置 ……………………………………………………… 34

5.4 桁架结构的其他形式 ………………………………………………………… 40

5.5 工程实例 ·· 41

思考题 ·· 45

第 6 章 拱结构 ·· 46

6.1 概述 ·· 46

6.2 拱结构的受力特点 ·· 46

6.3 拱结构的选型与布置 ·· 50

6.4 工程实例 ·· 53

思考题 ·· 59

第 7 章 单层刚架和排架结构 ·· 60

7.1 概述 ·· 60

7.2 单层刚架和排架结构的受力特点 ·· 60

7.3 单层刚架和排架结构的形式与布置 ·· 62

7.4 单层刚架结构的构造 ·· 67

7.5 工程实例 ·· 71

思考题 ·· 74

第 8 章 平板网架结构 ·· 75

8.1 概述 ·· 75

8.2 网架结构的体系及形式 ·· 75

8.3 网架结构的支承 ·· 82

8.4 网架结构主要几何尺寸的确定 ·· 84

8.5 网架结构的构造 ·· 86

8.6 组合网架结构 ·· 93

8.7 工程实例 ·· 94

思考题 ·· 96

第 9 章 薄壳结构和折板结构 ·· 97

9.1 概述 ·· 97

9.2 薄壳结构的分类 ·· 98

9.3 旋转曲面薄壳结构 ·· 102

9.4 移动曲面薄壳结构 ·· 104

9.5 折板结构 ·· 109

9.6 工程实例 ·· 110

思考题 ·· 119

第 10 章 网壳结构 ·· 120

10.1 概述 ·· 120

10.2 单曲面网壳结构 ·· 120

10.3 双曲面网壳结构 ··· 123

10.4 组合网壳结构 ··· 129

10.5 网壳结构的选型 ··· 130

10.6 工程实例 ··· 131

思考题 ··· 135

第 11 章 悬索结构 ··· 136

11.1 概述 ··· 136

11.2 悬索结构的组成及受力特点 ··· 136

11.3 悬索结构的形式 ··· 139

11.4 工程实例 ··· 142

思考题 ··· 147

第 12 章 大跨度空间结构的其他形式 ··· 148

12.1 概述 ··· 148

12.2 充气膜结构 ··· 148

12.3 组合空间结构 ··· 151

思考题 ··· 158

第 13 章 多层与高层建筑结构 ··· 159

13.1 概述 ··· 159

13.2 砌体结构与混合结构 ··· 161

13.3 框架结构 ··· 167

13.4 剪力墙结构 ··· 172

13.5 框架—剪力墙结构 ··· 175

13.6 筒体结构 ··· 176

13.7 巨型框架结构 ··· 179

13.8 工程实例 ··· 179

思考题 ··· 183

第 14 章 楼梯结构 ··· 184

14.1 概述 ··· 184

14.2 板式楼梯 ··· 185

14.3 梁式楼梯 ··· 185

14.4 悬挑式楼梯 ··· 186

14.5 螺旋式楼梯 ··· 187

思考题 ··· 188

参考文献 ··· 189

第1章 绪 论

随着现代技术的发展，建筑设计人员和结构设计人员的能力也变得紧密相连，建筑物应是建筑师和结构工程师创造性合作的产物。一个有效的建筑物，必然是建筑与结构有机结合的统一体，建筑和结构设计人员必须处理好相互关联的功能所需的空间形式，设计出最适宜的结构体系，使之与建筑形象相融合。

建筑结构作为建筑物的受力骨架，形成了人类活动的建筑空间，以满足人类的生产和生活需求及对建筑物的美观要求。无论工业建筑、居住建筑还是公共建筑，都必须承受结构自重、外部荷载作用、变形作用以及环境作用。结构失效将会带来生命和财产的巨大损失，建筑师应充分了解各种结构形式的基本力学特点、应用范围以及施工中必须采用的设备和技术措施，在工程设计中更好地满足结构最基本的功能要求。

在建筑工程的设计中，结构选型非常重要，一个好的建筑必须有一个好的结构形式才能实现。结构形式的好坏关系到建筑物是否适用、经济、美观。结构选型不单纯是结构问题，而是一个综合性的科学问题。结构形式的选择不仅要考虑建筑上的使用功能、结构上的安全可靠、施工上的条件许可，也要考虑造价上的经济合理和艺术上的造型美观，所以，结构选型是建筑艺术与工程技术的综合。但是，在传统的影响下，建筑师常常被优先培养成为一个艺术家。然而，在一个建筑项目的设计班子中，建筑师往往居于领导地位，需要建筑师与结构工程师进行沟通，在设计的各方面充当协调者。现代建筑技术的发展，新材料和新结构的采用，使建筑师在技术方面的知识受到局限，只有对基本结构知识有较深刻的了解，建筑师才可能胜任自己的工作，才能处理好建筑和结构的关系。

1.1 建筑结构的基本要求

新型建筑材料的生产、施工技术的进步、结构分析方法的发展，都给建筑设计带来了一定的灵活性，但现代建筑仍需满足结构的基本要求。

（1）平衡：平衡的基本要求就是保证结构和结构的任何一部分都不发生运动，力的平衡条件总能得到满足。从宏观上看，建筑物总应该是静止的。

（2）稳定：整个结构或结构的一部分作为刚体不允许发生危险的运动，这种危险可能来自结构自身，也可能来自地基的不均匀沉降或地基土的滑坡。

（3）承载能力：结构或结构的任何一部分在预计的荷载作用下必须安全可靠，具备足够的承载能力。结构工程师对结构承载能力负有不可推卸的责任。

（4）适用：结构应当满足建筑物的使用目的，不应出现影响正常使用的过大变形、过宽的裂缝、过大的振动、局部损坏等。

（5）经济：结构的经济性体现在多个方面，并不是单纯地指造价，而结构的造价不仅受材料和劳动力价格的影响，还受施工方法、施工速度及结构维护费用的影响。

（6）美观：美学对结构的要求越来越高，有时甚至超过承载力和经济的要求，尤其是象征性和纪念性的建筑。

1.2　建筑结构的分类

1. 按材料分类

（1）混凝土结构：主要分为钢筋混凝土结构和预应力混凝土结构，由混凝土和钢筋（或预应力钢筋）两种材料组成，应用非常广泛。用于各类房屋建筑及水塔、水池等构筑物。优点：耐火、耐久性好，可模性好，整体性好，易于就地取材，节省钢材。缺点：自重大，抗裂性差，损坏后较难修复。

（2）砌体结构：由块体（砖、石或砌块）用砂浆砌筑而成的结构。多用于住宅、宿舍、教学楼、办公楼等多层民用房屋。优点：耐火、耐久性好，成本低，易于就地取材。缺点：自重大，整体性差，施工速度慢，所占土地面积较大。

（3）钢结构：以钢材为主制作的结构。多用于体育馆、影剧院、工厂等大跨度建筑屋盖和超高层建筑。优点：强度高，构件尺寸小，自重小，可焊性好，便于机械化施工。缺点：耐火性差，防锈性差，价格高。

（4）木结构：以木材为主制作的结构。目前仅在山区、林区有少量的应用。优点：自重轻，容易加工，制作简单。缺点：防火、防腐、防虫性差。

2. 按受力特点分类

（1）混合结构：楼、屋盖采用钢筋混凝土结构、木结构或钢结构，而墙体和基础采用砌体结构。多用于七层以下住宅、宿舍、教学楼、办公楼等多层民用房屋。

（2）排架结构：屋架（或屋面梁）与柱子采用铰接，柱子与基础采用刚接。屋架（或屋面梁）可以是钢筋混凝土结构、木结构或钢结构，而柱子可以是钢筋混凝土结构、木结构、钢结构或砌体结构。多用于单层工业厂房。

（3）框架结构：屋架（或屋面梁）与柱子采用刚接，柱子与基础也采用刚接。框架结构分为单层框架和多层框架，材料可以是钢筋混凝土结构或钢结构，单层用于工业厂房，多层用于教学楼、办公楼、商店、宾馆、写字楼等建筑。

（4）剪力墙结构：楼、屋盖和墙体均采用钢筋混凝土结构。屋架（或屋面梁）与墙体采用刚接，柱子与基础也采用刚接。多用于办公楼、宾馆、写字楼、住宅等高层建筑。

（5）框架—剪力墙结构：在框架结构的电梯井或楼梯间布置部分剪力墙。多用于办公楼、宾馆、写字楼、住宅等高层建筑。

（6）筒体结构：主要分为两类框—筒结构和筒中筒结构。前者是在建筑物的中心电梯井或楼梯间布置剪力墙形成筒状，外围采用框架；后者是在建筑物的中心和外围均采用剪力墙形成内外两个筒。多用于宾馆、写字楼等高层建筑和超高层建筑。

另外，还可以按施工方法分为现浇整体式结构、装配式结构和装配整体式结构。

第2章 建筑形体与结构布置

2.1 建筑形体的形成与变化

2.1.1 建筑形体的形成

建筑的平面形状与立面体型是由不同的几何图形组成的。从几何学的概念来分类，任何图形可分为凸状与不凸状两大类。一般情况下，在建筑平面形状与立面体型中把凸状图形称为简单图形，而把不凸状图形称为复杂图形，如图2.1和图2.2所示。

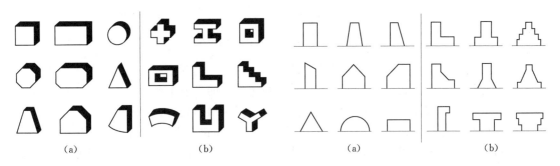

| (a) | (b) | (a) | (b) |

图2.1 建筑平面的形状
(a) 简单建筑平面；(b) 复杂建筑平面

图2.2 建筑立面的体型
(a) 简单建筑立面；(b) 复杂建筑立面

2.1.2 建筑形体的变化

从二维转变为三维，任何一个建筑形体都是平面上的两个基本类型与立面上的两个基本类型的组合，即建筑形体一共有四种基本组合，如图2.3所示。通过各种尺寸比例的变化，可以获得不同的建筑形体。这些建筑尺寸上量的变化，能够对结构受力产生质的影响。

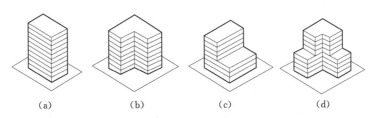

(a)　　　　　(b)　　　　　(c)　　　　　(d)

图2.3 建筑形体的组合
(a) 简单建筑平面与简单建筑立面的组合；(b) 复杂建筑平面与简单建筑立面的组合；
(c) 简单建筑平面与复杂建筑立面的组合；(d) 复杂建筑平面与复杂建筑立面的组合

1. 简单建筑平面与简单建筑立面的组合

简单建筑平面的尺寸变化包括绝对尺寸和相对尺寸，平面尺寸较大的建筑物显然比平面尺寸小的建筑物受力要复杂些，要考虑温度应力、混凝土收缩等不利因素的影响。而平面的长宽比较大的建筑物显然比平面为正方形的建筑物更容易受到扭转、不均匀沉降等因素的威胁。

简单建筑立面的尺寸变化对结构的影响也包括绝对尺寸和相对尺寸。建筑物越高，侧向风荷载或地震作用的影响越大；建筑物的高宽比 H/B 越大，其结构的抗侧刚度和抗倾覆稳定性就越差；当高宽比一定时，降低建筑物的质量中心则有利于结构的抗侧稳定性，如图 2.4 所示。

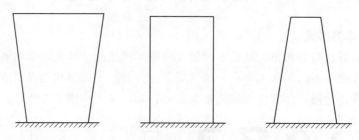

图 2.4　建筑质心与结构的抗侧稳定性

2. 复杂建筑平面与简单建筑立面的组合

复杂建筑平面的形状很多，其基本尺寸对结构受力的影响主要为肢翼长度和肢翼宽度之比。一般地说，肢翼长度越大，肢翼宽度越小，则对结构受力越不利。

常见的复杂建筑平面为 L 形平面和 U 形平面，凹角部位常常会由于应力集中而引起破坏，可以在结构上采用一些方法使主体结构的复杂建筑平面转化为简单建筑平面，如图 2.5 所示。

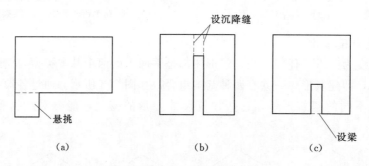

图 2.5　复杂平面转化成简单平面
(a) 设悬挑；(b) 设变形缝；(c) 设连梁

3. 简单建筑平面与复杂建筑立面的组合

由于立面是复杂立面，因此整个建筑物在不同的高度有不同的建筑平面。各种收进方式及各种尺寸变化时的情况，如图 2.6 所示。这种建筑体型的变化对竖向荷载和水平荷载作用下的结构内力都将产生影响。

较为常见的两种建筑立面收进如图 2.7 所示。图 2.7（a）常见于带小塔楼的建筑，在地震作用下，小塔楼由于鞭梢效应产生较大的惯性力，会造成塔楼根部的破坏甚至塔楼的倒塌。设计中一般是控制 b/h 值，即小塔楼不能突然内收很多，以避免刚度发生突变。图 2.7（b）为带裙房的建筑，由于裙房部分与主楼部分自重相差悬殊，会产生地基的不

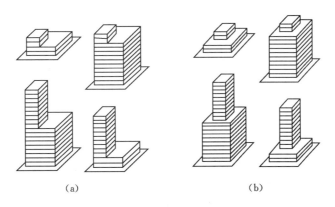

图 2.6 简单建筑平面与复杂建筑立面的组合

(a) 两邻边收进；(b) 四边收进

均匀压缩，容易引起建筑物的不均匀沉降，或导致基础结构的破坏。必要时可在高层与裙房间设置沉降缝。

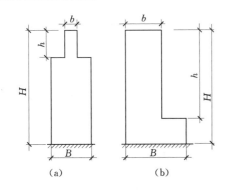

图 2.7 建筑立面的收进

(a) 带小塔楼的建筑；(b) 裙房的建筑

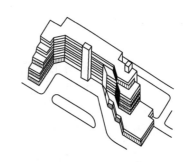

图 2.8 复杂建筑平面与复杂建筑立面的组合

4. 复杂建筑平面与复杂建筑立面的组合

复杂的建筑体型使建筑物具有明显的个性，但却给结构布置带来了难题。图 2.8 为复杂建筑平面与复杂建筑立面组合的一个例子。对于复杂平面与复杂立面组合的结构布置，首先是限制，如限制裙房外伸、限制小塔楼的高度、限制内收尺寸等；其次是加强，如通过设置刚性基础、刚性层或其他的构造措施来保证结构的整体性。当上述两种方法均无法令人满意时，也可设置变形缝，把复杂的建筑体型分成若干个简单的结构单元。

2.2 结构布置的原则

2.2.1 对称性

对称性对于建筑结构的抗震非常重要。对称性包括建筑平面的对称、质量分布的对称、结构抗侧刚度的对称。其中最佳的方案是使建筑平面形心、质量中心、结构抗侧刚度中心在平面上位于同一点上，在竖向则位于同一铅垂线上，简称"三心重合"。

1. 建筑平面的对称性

建筑平面形状最好是双轴对称，但也有单轴对称的，甚至还有找不到对称轴的，如图 2.9 所示。不对称的建筑平面对结构来说有三个问题：一是会引起外荷载作用的不均匀，从而产生扭矩；二是会在凹角处产生应力集中；三是很难使"三心重合"。

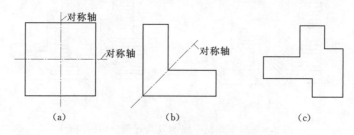

图 2.9　建筑平面的对称性

(a) 双轴对称；(b) 单轴对称；(c) 无轴对称

2. 质量分布的对称性

仅仅由于建筑平面布置的对称并不能保证结构不发生扭转。在建筑平面对称和结构刚度均匀分布的情况下，若由于建筑物质量分布不均匀，致使质量中心与结构抗侧刚度中心不能重合，当遇到水平荷载或地震作用时，建筑物会产生扭转。

3. 结构抗侧刚度的对称性

在生活中常常会遇到对称的建筑外形中进行了不对称的建筑平面布置，从而导致了结构刚度的不对称布置。如图 2.10 所示，在建筑物的一端集中布置了剪力墙，而在其他部位则为框架结构。由于剪力墙的抗侧刚度要比框架大得多，这样当建筑物受到均匀的侧向（水平）荷载作用时，楼盖平面显然会发生图中虚线所示的扭转变位。

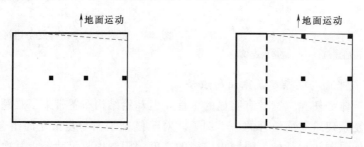

图 2.10　抗侧墙体的不均匀布置

图 2.11 为马那瓜中央银行结构平面图，在矩形的建筑平面中，一侧集中布置了实心填充外墙及两个核心筒，而另外三边则采用了空旷的密柱框架，楼盖结构为单向密肋板。结构的抗侧刚度中心明显地与建筑平面形心和建筑质量中心偏离，因此该建筑已在一次地震中倒塌。

布置在楼梯间、电梯间四周的墙体所形成的楼、电梯井筒往往能提供较大的抗侧刚度，因此楼、电梯井筒的位置对结构受力有较大的影响，图 2.12 给出了矩形平面和 L 形平面中楼、电梯井筒常见的布置方式。显然，矩形平面中楼、电梯井筒如为对称布置，容易满足"三心重合"的要求，而 L 形平面却难以满足"三心重合"的要求。

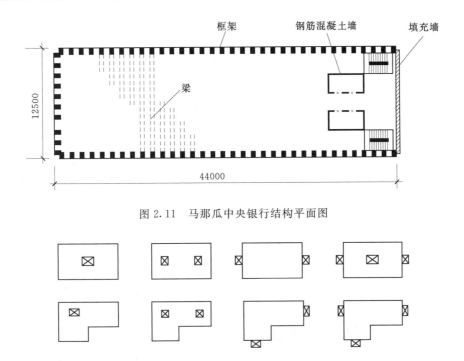

图 2.11 马那瓜中央银行结构平面图

图 2.12 楼、电梯井筒的布置

2.2.2 连续性

连续性是结构布置中的重要部分，而其又常常与建筑布置相矛盾。建筑师往往希望从平面到立面都丰富多变，而合理的结构布置却应该是连续、均匀的，不应使刚度发生突变。

图 2.13 为框架结构刚度不连续，形成薄弱层的两个例子。图 2.13（a）为由于底层大空间的要求抽掉了部分柱子，使得竖向柱子不连续而形成了薄弱层。图 2.13（b）为由于结构底层层高较高，与上部层高不同，使得柱子在竖向高度突变形成了薄弱层。

图 2.14 为剪力墙布置不连续的 4 个例子。图 2.14（a）为框架支承的剪力墙，当底层需要大开

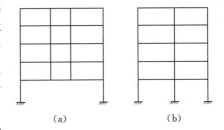

图 2.13 框架结构的薄弱层

间时往往将部分剪力墙在底层改为框架。图 2.14（b）、（c）为不规则布置的剪力墙结构，由于立面造型上的要求或建筑门窗布置的要求，使剪力墙布置上下无法对齐。图 2.14（d）的布置则常常出现在楼梯间，由于楼梯间采光的要求使洞口错位布置。很显然，对于上述几种结构刚度沿竖向有突变的剪力墙结构，常常会由于应力集中而产生裂缝或造成局部损坏。

2.2.3 周边作用

图 2.15 为建筑平面相同、结构构件形式相同、结构材料用量相同，仅构件布置位置

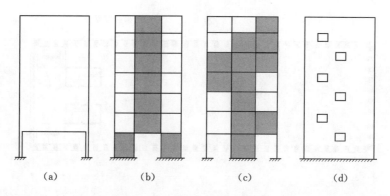

（a）　　　　（b）　　　　（c）　　　　（d）

图 2.14　剪力墙的不连续布置

不一样的几种情况。由于剪力墙具有较大的抗侧力刚度，因此将它布置在建筑物的周边可产生较大的抗侧扭刚度。

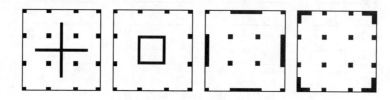

图 2.15　抗侧力墙体的布置

2.2.4　角部构件

角部构件往往受到较大的荷载或较复杂的内力。在多层框架结构中，角柱虽然受到的轴力较小，但它是双向受弯构件，当结构整体受扭时所受到的剪力最大，所以角柱在整个柱高范围内，都应采取加密箍筋等构造措施。筒体结构在侧向荷载作用下，角柱内会产生比其他柱子更大的轴力，且角柱是形成结构空间工作的重要构件，因此，筒体结构中的角柱往往予以加强，有时甚至在建筑平面的角部布置角筒，如图 2.16 所示。

2.2.5　多道防御

多道防御的设计概念对抵抗不能预测的灾害有着重要意义。在建筑结构设计中，亦要求当结构中的某些截面出现塑性铰或一部分构件受到破坏时，整个结构仍能继续工作、承受荷载。

以框架结构为例，由于梁、柱内塑性铰出现次序的不同而有多种可能的破坏形式，其中最典型的破坏形式如图 2.17 所示。图 2.17（a）、（b）为强梁弱柱型，即结构在竖向荷载和地震力作用下，首先是在柱端截面发生破坏。显然，只要在某一层柱的上下端出现塑性铰，即会造成整个结构的破坏。图 2.17（c）为强柱弱梁型的，即结构在竖向荷载和地震力作用下，塑性铰首先出现在梁端，即使所有的梁端全部出现塑性铰，也不至于

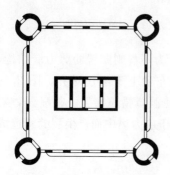

图 2.16　筒体结构的角部加强

造成整个结构的破坏。所以，强柱弱梁型的框架结构有两道防线，这对建筑物抗御地震作用是十分有效的。

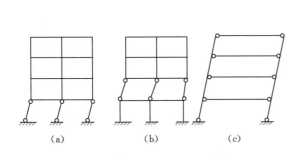

图 2.17　框架结构的破坏形式

图 2.18　美洲银行结构平面

在 1972 年的尼加拉瓜地震中，美洲银行的成功也说明了多道防御的概念在结构设计中的重要性。美洲银行结构平面布置如图 2.18 所示，该大楼共 18 层，有两层地下室，外围为一典型的框筒结构，内部为四个核心筒对称布置，四个核心筒又有梁连接形成整体。地震发生后，该结构只在第 3～17 层核心筒体的连系梁上有轻微斜裂缝，其他都完好无损，非结构性破坏几乎没有。显然，组合核心筒承受了较大的侧向作用力，而组合核心筒事实上又发挥了多道防御的作用：首先是各核心筒按刚架共同工作，当连系梁发生屈服、梁端出现塑性铰后，各个核心筒与连梁按排架进行工作。

2.3　结构构造要求

在结构设计中，限于目前的计算技术和理论水平，对许多问题尚不能进行准确的分析，如混凝土收缩在结构内产生的内力，气温的变化或温差对结构内力的影响，地基的不均匀沉降对结构的影响，地震对复杂结构的作用，等等。因此，结构设计时只能从构造上采取一些简单措施，如设置变形缝把较长的或复杂形状的建筑物变成（分割成）短的或简单的若干个独立单元。

设置变形缝是避免建筑体型与结构受力之间矛盾的有效方法，但变形缝也会带来许多弊端，如材料用量增加、结构构造复杂、建筑立面处理困难、变形缝处易渗漏水等问题，因此，在目前的建筑设计中不设或少设变形缝的做法日趋流行。

2.3.1　温差及混凝土收缩对结构布置的要求

要准确地计算由于温差或混凝土收缩产生的附加应力较为困难，工程中常采用设置伸缩缝来避免结构内产生的温度应力和收缩应力。而在伸缩缝区段范围内，则认为由于温差或收缩引起的应力已经很小，可以忽略不计。伸缩缝区段的允许长度与结构形式及保温隔热条件有关。目前我国《混凝土结构设计规范》（GB 50010—2010）规定了钢筋混凝土结构伸缩缝的最大间距，见表 2.1。

表 2.1　　　　　　　　　　　钢筋混凝土结构伸缩缝的最大间距　　　　　　　　单位：m

结　构　类　别		室内或土中	露天
排架结构	装配式	100	70
框架结构	装配式	75	50
	现浇式	55	35
剪力墙结构	装配式	65	40
	现浇式	45	30
挡土墙、地下室墙壁等类结构	装配式	40	30
	现浇式	30	20

注　1. 装配整体式结构的伸缩缝间距，可根据结构的具体情况取表中装配式结构与现浇式结构之间的数值。

　　2. 框架—剪力墙结构或框架—核心筒结构房屋的伸缩缝间距，可根据结构的具体情况取表中框架结构与剪力墙结构之间的数值。

　　3. 当墙面无保温或隔热措施时，框架结构、剪力墙结构的伸缩缝间距宜按表中"露天"一栏的数值取用。

　　4. 现浇挑檐、雨罩等外露结构的局部伸缩缝间距不宜大于 12m。

当结构伸缩缝的最大间距超过上述规定时，为减少混凝土的收缩应力，可在适当部位设置后浇带，一般每隔 30～40m 设置一条后浇带，后浇带保留时间一般到主体结构施工完毕且不少于 1 个月，为了使后浇带两侧的混凝土在浇灌后浇带以前可以自由收缩。

伸缩缝应从基础顶面开始，将两个温度区段的上部结构构件完全分开，并留出一定宽度，使上部结构在气温有变化时，水平方向可以自由地发生变形，从而减小温度应力。

2.3.2　不均匀沉降对结构布置的要求

沉降缝是为了减少不均匀沉降引起的内力而设置的。当建筑物两部分高差悬殊时，或两部分荷载相差悬殊时，或分期建造房屋的交界处，都应设置沉降缝。沉降缝应将建筑物从基础底面到屋顶全部分开，以使在缝两边发生不同沉降时而不至于损坏建筑物，沉降缝可兼做伸缩缝，目前我国《建筑地基基础设计规范》（GB 50007—2002）给出了沉降缝的缝宽，见表 2.2。

表 2.2　　　　沉降缝的宽度表

房　屋　层　数	沉降缝宽度（mm）
2～3	50～80
4～5	80～120
5 层以上	≥120

沉降缝两侧结构处理方式如图 2.19 所示。可采用简支板、简支梁、悬挑板、悬挑梁等方式过渡。设置沉降缝同样会给结构构造、建筑立面处理、地下室防水等带来一定的麻烦。

图 2.20 为北京昆仑饭店的基础处理方案，昆仑饭店主楼 28 层，为剪力墙结构，另有两层地下室。因建筑体型复杂，在考虑不均匀沉降影响时，综合采用了设置沉降缝，设置后浇缝及在高层部分打桩、裙房部分不打桩的方案。

2.3.3　防震对结构布置的要求

需要抗震设防的建筑，结构抗震设计规范对建筑体型有较多的限制条件，其主要原则

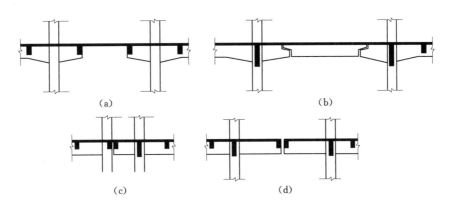

图 2.19 沉降缝两侧结构的连接

(a) 采用简支板；(b) 采用简支梁；(c) 采用悬挑板；(d) 采用悬挑梁

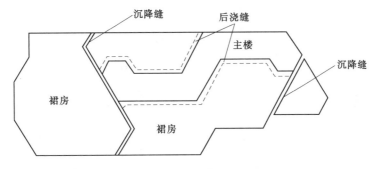

图 2.20 北京昆仑饭店基础处理方案

是：建筑的平、立面布置宜规则、对称，建筑的质量分布宜均匀，避免有过大的外挑和内收，结构抗侧刚度沿竖向应均匀变化，楼层不宜错层，构件的截面由下至上逐渐减小，不突变。当建筑物顶层或底部由于大空间的要求取消部分墙柱时，结构设计应采取有效构造措施，防止由于刚度突变而产生的不利影响。

我国《高层建筑混凝土结构技术规程》(JGJ 3—2010) 规定高层建筑对于矩形平面，其长边与短边之比不宜过大。对非矩形平面，则还应限制其翼肢的长度，如图 2.21 及表 2.3 所示。

表 2.3 平面尺寸及突出部位尺寸的比值限制

设防烈度	L/B	l/B_{max}	l/b
6 度、7 度	≤6.0	≤0.35	≤2.0
8 度、9 度	≤5.0	≤0.30	≤1.5

若平面形状、局部尺寸或立面形状不符合上述规程的规定，而又未在结构计算和构造上采取相应措施时，或房屋各部分的质量或结构抗侧刚度大小相差悬殊时，或必须设置沉降缝或伸缩缝时，则应设置抗震缝，将建筑物划分为若干个独立的结构单元，以避免地震时厂房高度或刚度不同的各部分由于自振频率不同而产生相互碰撞，如图 2.22 所示。

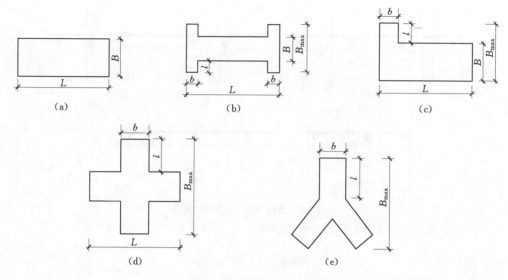

图 2.21　建筑平面示意图

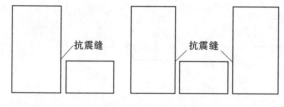

图 2.22　抗震缝的设置

地震区设置伸缩缝、沉降缝时缝宽应满足抗震缝要求。抗震缝的宽度应符合下列规定：

（1）房屋高度不超过 15m 时抗震缝的最小宽度为 100mm，当其高度超过 15m 时，各结构类型见表 2.4。

表 2.4　房屋高度超过 15m 时抗震缝宽度增加值

设防烈度		6 度	7 度	8 度	9 度
房屋每增加高度（m）		5	4	3	2
结构类型	框架	20	20	20	20
	框架—剪力墙	14	14	14	14
	剪力墙	10	10	10	10

（2）抗震缝两侧结构体系不同时，抗震缝宽度应按不利的体系考虑，并按较低一侧的高度计算来确定缝宽。

2.3.4　结构对建筑高宽比的要求

从整体上看，建筑物好像是一个顶部自由、底部嵌固于地基上的悬臂柱，承受竖向荷载和侧向荷载的共同作用。在抗震设计中，该悬臂柱的长细比对结构的内力和侧移有较大的影响，建筑物的高度与宽度的比值（高宽比）可能比它的绝对尺寸更重要。建筑物的高宽比越大，地震的倾覆作用越大，外侧柱子由于地震作用而产生的内力也越大，建筑物的侧向位移（即地震时摆动的幅度）也越大，表 2.5 给出了我国《高层建筑混凝土结构技术规程》（JGJ 3—2010）中所建议的建筑物高宽比的限制值，当建筑物的高宽比超出表中限值时，结构设计中应予以特别注意。

表 2.5 钢筋混凝土高层建筑结构适用的最大高宽比

结 构 体 系	非抗震设计	抗震设防烈度		
		6度、7度	8度	9度
框架	5	4	3	—
板柱—剪力墙	6	5	4	—
框架—剪力墙、剪力墙	7	6	5	4
框架—核心筒	8	7	6	4
筒中筒	8	8	7	5

思 考 题

2.1 在建筑平面形状中，简单图形和复杂图形是怎样区分的？

2.2 结构布置的原则有哪些？

2.3 什么是变形缝？它可分为哪几种？

2.4 什么是伸缩缝、沉降缝和抗震缝？它们各有什么要求？

2.5 结构对高层建筑的高宽比有什么要求？

第3章 楼屋盖结构

3.1 概　述

建筑结构承重体系可分为水平和竖向两种结构体系，它们共同承受作用在建筑物上的竖向力和水平力，并把这些力可靠地传给竖向构件直至基础。构成楼屋盖的梁板结构属于水平结构体系，而承重砌体、柱、剪力墙、筒体等则属于竖向结构体系。

在整个房屋的造价方面，楼屋盖所占的比例是相当大的，因此合理选择楼屋盖的结构形式对建筑的使用、美观以及技术经济指标等方面都具有十分重要的意义。

楼屋盖的结构类型有3种分类方法。

（1）按结构布置形式，楼屋盖可分为肋梁楼盖、井式楼盖、密肋楼盖和无梁楼盖（又称板柱结构），如图3.1所示。其中，肋梁楼盖应用得最普遍，它又分为单向板肋梁楼盖和双向板肋梁楼盖。

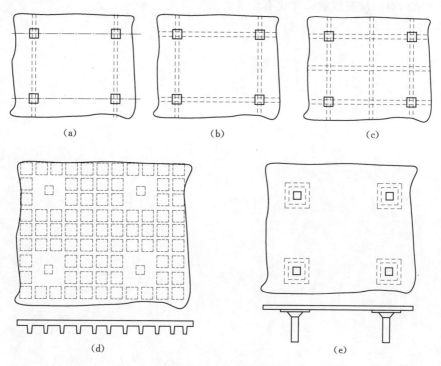

图 3.1　楼屋盖的结构类型

（a）单向板肋梁楼盖；（b）双向板肋梁楼盖；（c）井式楼盖；（d）密肋楼盖；（e）无梁楼盖

（2）按预加应力情况，楼屋盖可分为钢筋混凝土楼盖和预应力混凝土楼盖。预应力混凝土楼盖用得最普遍的是无粘结预应力混凝土平板楼盖；当柱网尺寸较大时，预应力楼盖可有效减小板厚，降低建筑层高。

（3）按施工方法，楼盖可分为现浇楼盖、装配式楼盖和装配整体式楼盖 3 种。现浇楼盖的刚度大，整体性好，抗震、抗冲击性能及防水性都好，对不规则平面的适应性强，开洞容易。缺点是需要大量的模板，现场的作业量大，工期也较长。目前，我国装配式楼盖主要用在多层砌体房屋，特别是多层住宅中。在抗震设防区，有限制使用装配式楼盖的趋势。

在钢结构及钢—混凝土组合结构中有时也采用钢与混凝土组合（楼盖）结构。

3.2 肋 梁 楼 盖

3.2.1 肋梁楼盖的特点

现浇肋梁楼盖广泛应用于建筑中的楼屋盖及水池的顶板、侧板、底板和片筏式基础等结构。其优点是整体性好，节省材料，梁系布置灵活。缺点是肋梁楼盖所占空间高度较大，主次梁的截面规格多变，施工模板较为复杂。板底不平整，常需吊顶来满足建筑美观的要求。

3.2.2 肋梁楼盖的组成

现浇肋梁楼盖结构一般由板、次梁和主梁三种构件组成，如图 3.2 所示。在肋梁楼盖结构布置时，应根据房屋的平面尺寸、使用荷载的大小以及建筑的使用要求确定承重墙的位置和柱网尺寸。考虑到经济、美观以及施工的方便，柱网通常布置成方形或矩形。梁系以贯通为宜，形成连续梁结构，这对承受竖向荷载和水平荷载都有利。梁系的布置应考虑到楼板上隔墙、设备的位移及楼板上的开洞要求等，板上一般不宜直接作用较大的集中荷载，隔墙处、重大设备处及洞口的周边都应设梁加强。梁板布置应力求受力明确，传力路线简捷，并尽量布置成等跨的，板厚和梁的截面尺寸在整个楼盖中应尽量统一。当砌体承重时，梁应尽量避免搁置在门窗洞口上。

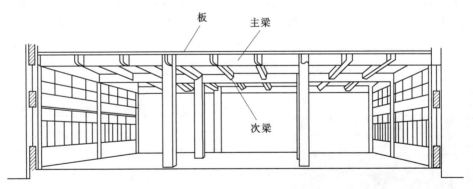

图 3.2 现浇肋梁楼盖

3.2.3 肋梁楼盖的结构布置

依据楼板的支承条件及传力途径的不同，可将肋梁楼盖分为单向板肋梁楼盖和双向板肋梁楼盖两种。

在肋梁楼盖中，梁的间距决定了板的跨度，柱或墙的间距决定了梁的跨度。一般次梁的跨度以 4～6m 为宜，主梁的跨度以 5～8m 为宜。考虑到经济的因素，板的厚度宜取得薄些，为此应控制板的跨度，单向板的跨度以小于 3m 为宜，常用的跨度为 1.7～2.5m；方形双向板的跨度不宜大于 5m×5m；矩形双向板跨度的短边不宜大于 4m。几种常见的单向板肋梁楼盖结构布置方案如图 3.3 所示。图 3.3（a）为主梁沿横向布置，次梁纵向布置。其优点是主梁和柱子可形成横向框架，房屋的横向抗侧移刚度大，而各榀横向框架间由纵向的次梁相连，故房屋的纵向刚度也大、整体性较好。此外，由于外纵墙处仅设次梁，故窗户高度可开得大些，对采光有利。图 3.3（b）为主梁纵向布置，次梁横向布置。这种布置适用于横向柱距比纵向柱距大得多的情况。它的优点是减小了主梁的截面高度，增加了室内净高。图 3.3（c）为只布置次梁，不布置主梁。它仅适用于有中间走道的砌体墙承重的混合结构房屋中。

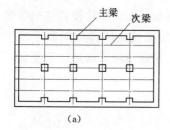 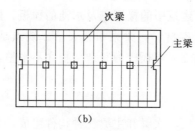 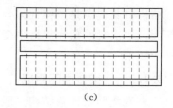

（a）　　　　　　　　　　（b）　　　　　　　　　　（c）

图 3.3　梁的布置

（a）主梁沿横向布置；（b）主梁沿纵向布置；（c）不布置主梁

为使梁、板具有足够的刚度，单向板的厚度应不小于板跨度的 1/40（连续板）或 1/35（简支板），且不宜小于 60mm；双向板的厚度应不小于板较小跨度的 1/50（连续板）或 1/45（简支板），且不宜小于 80mm。次梁的跨高比一般可取 1/18～1/12，主梁的跨高比一般可取 1/14～1/8。梁截面宽度可取相应的梁截面高度的 1/2～1/3。

单向板肋梁楼盖荷载的传递路线为：板—次梁—主梁—柱（或）墙—基础—地基。

双向板肋梁楼盖荷载的传递路线为：板—梁—柱（或）墙—基础—地基。

3.3　井式楼盖

图 3.4　某建筑井式楼盖

井式楼盖又称井字楼盖，因梁布置成井字形而得名。它是目前工业与民用建筑中被广泛应用的一种结构形式，多用于公共建筑的门厅、入口、会议室、大教室、图书阅览室、展览馆、车库等具有较大跨度的大空间处。因结构造型美观，可减少建筑吊顶，因而更容易满足建筑层高的要求。作为屋盖时常取消楼板而采用有机玻璃采光罩或玻璃钢采光罩，以满足建筑物采光的要求，造型上也显得颇为新颖壮观，如图 3.4 所示。

3.3.1 井式楼盖的特点

井式楼盖是由肋梁楼盖演变而来的，是肋梁楼盖结构的一种特例。其主要特点是两个方向梁的高度相等且一般为等间距布置，它们不分主次，共同直接承受板传来的荷载，两个方向的梁共同工作，提供了较好的刚度，能够满意地解决大会议室、娱乐厅等大跨度楼盖的设计问题。

3.3.2 井式楼盖的结构布置

井式楼盖属于空间受力体系，是由双向板与交叉梁系共同组成的楼盖，交叉梁不分主次，梁高相同，互为支承，其楼盖的平面常为正方形或长短边之比不大于 1.5 的矩形。交叉梁可直接搁置在承重墙或边梁上，交叉梁的布置方式主要有正交正放和正交斜放两种，当长短边之比大于 1.5 时，为使交叉梁系的荷载较好地沿两个方向传递，可用支柱将平面划分为同样形状的区格，使交叉梁支承在柱间主梁上，或采用沿 45°线的正交斜放的方法布置，如图 3.5 所示。交叉梁形成的网格边长，即双向板的边长一般为 2~3m，且边长最好相等。每个交叉梁系区格的长短边之比一般不宜大于，梁高 h 一般取 $(1/16\sim1/18)\,l$，l 为交叉梁的跨度。

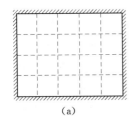 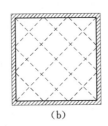 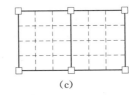 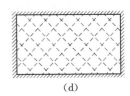

| (a) | (b) | (c) | (d) |

图 3.5　井式楼盖的平面布置

(a) 正交正放；(b) 正方形正交斜放；(c) 交叉梁支承在柱间主梁上；(d) 矩形正交斜放

因交叉梁系的布置有正交与斜交两种，因此，故梁格形状也就有正方形、矩形和菱形。井式梁楼盖两个方向梁的间距最好相等，这样不仅结构比较经济合理、施工方便，而且还容易满足建筑构造上不做吊顶时对楼盖天花的美观要求。

井式楼盖一般有四角柱支承与周边支承两种。周边支承的井式楼盖四周最好为承重墙，这样能使交叉梁都支承在刚性支点上；若周边为柱子，应尽量使每根梁都能直接支承在柱子上；若遇柱距与梁距不一致时，应在柱顶设置一道刚度较大的边梁，以保证交叉梁支座的刚性。当建筑物跨度较大时，也可在梁交叉点处设柱，成为连续跨的多点支承，或周边支承的墙与中间的柱支承相结合。

有时由于建筑平面或建筑造型上的要求，也可以布置成多向交叉的梁系结构或其他不规则布置的梁系结构。对于三角形或六角形平面，则常三向网格梁，如图 3.6 所示。

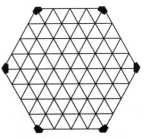

图 3.6　六角形屋盖结构布置

3.4 密 肋 楼 盖

当梁肋间距小于 1.5m 时的楼盖常称为密肋楼盖，也就是说密肋楼盖是由薄板和间距较小的肋梁组成的，因肋梁排得很密而得名。它一般用于公共建筑的门厅、会议室、展厅等跨度大而且梁高受到限制的空间，也常被用于筒体结构体系的高层建筑结构中。密肋楼盖可采用普通混凝土结构，适用跨度在 10m 以下，也可采用预应力混凝土结构，适用跨度可达 15m。如图 3.7 所示。密肋楼盖由于省去了肋间的混凝土，不仅节约混凝土 30%~50%，并可降低楼盖结构自重，楼板造价降低 1/3 左右，加之采用塑料模壳或玻璃钢模壳，大大方便了施工，故在工程中被广泛应用。

图 3.7 某建筑密肋楼盖

3.4.1 密肋楼盖的特点

密肋楼盖适用于跨度较大而梁高受限制的情况，其受力性能介于肋梁楼盖和无梁楼盖之间。与肋梁楼盖相比，密肋楼盖的结构高度小而肋数量多、间距密；与无梁楼盖相比，密肋楼盖可节省材料，减轻自重，且刚度较大。因此，对于楼面荷载较大，而房屋的层高又受到限制时，采用密肋楼盖比采用普通肋梁楼盖更能满足设计的要求。

密肋楼盖的缺点是施工支模复杂，工作量大，故目前常采用可多次重复使用的定型模壳，如钢模壳、玻璃钢模壳、塑料模壳等。为取得平整的楼板天花，肋间也可采用加气混凝土块、空心砖、木盒子或其他轻质材料填充，并同时作为肋间的模板，还可以获得较好的隔热、隔音效果，如图 3.8 所示。其缺点是填充块不能重复利用，浪费材料，增加自重，施工复杂，故目前较少采用。

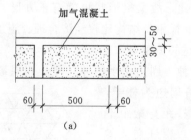
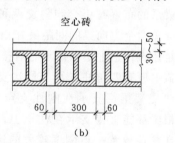

图 3.8 密肋楼盖肋间的填充物

(a) 填加气混凝土块；(b) 填空心砖

3.4.2 密肋楼盖的结构布置

密肋楼盖通常肋间距不大于 1.5m，因此肋间的楼板可以做得很薄，一般在 30~50mm。密肋楼盖中肋的高度，简支时一般取 $l/20$，弹性约束支座时取 $l/25$，l 为肋的跨度。

密肋楼盖可分为单向密肋楼盖和双向密肋楼盖两种，如图 3.9 所示。单向密肋楼盖常用于长宽比大于 1.5 的楼盖，其跨度不宜大于 6m；当建筑的柱网尺寸为正方形或接近正方形时，多采用双向密肋楼盖形式，柱距不宜大于 12m，且双向密肋楼盖较单向密肋楼盖的视觉效果要好，可不吊顶。

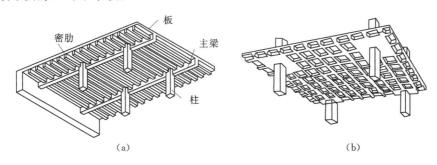

图 3.9　密肋楼盖的平面布置

（a）单向密肋楼盖；（b）双向密肋楼盖

单向密肋楼盖与单向板肋梁楼盖受力特点相似，肋相当于次梁，但由于肋排得密，间距很小，肋所承受的荷载较小，所以肋的截面尺寸相对于肋梁楼盖中次梁的截面尺寸要小得多，其高跨比一般可取 1/18～1/20，肋间距不宜大于 700mm，肋宽一般为 80～120mm。当肋间无填充物时，板的厚度应不小于 50mm；当肋间有填充物时，板的厚度一般为 30～50mm，如图 3.10 所示。单向密肋楼盖可以支模浇筑，也可以以填充物作为模板浇筑，但肋的间距和肋的截面尺寸应考虑与填充物的尺寸相配合。

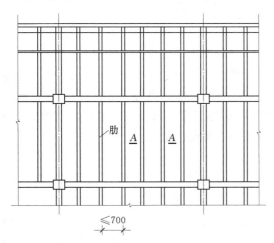

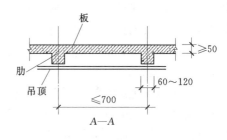

图 3.10　单向密肋楼盖

双向密肋楼盖中的两个方向的肋类似于井式楼盖，其受力较单向密肋楼盖合理。但双向密肋楼盖的柱网尺寸较小，肋的间距较小。由于板的跨度小而又是双向支承的，板的厚度一般为 50mm 左右，由于肋排得很密，其高跨比一般可取 1/20～1/30。为了解决柱边上板的冲切问题，常常在柱的附近做一块加厚的实心板，如图 3.11 所示。为了获得满意的经济效益，整体现浇的密肋楼盖肋的跨度不宜超过 10m。

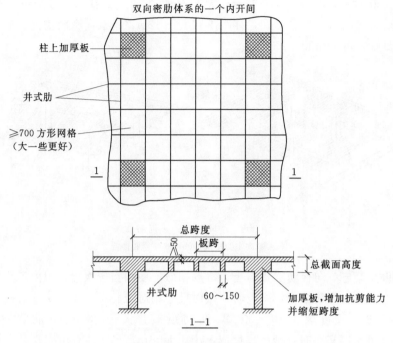

图 3.11 双向密肋楼盖

3.5 无 梁 楼 盖

无梁楼盖是因为楼盖中不设梁而得名，它是一种双向受力楼盖，楼板直接支承在柱子上，成为板柱结构体系，楼面荷载直接通过柱子传至基础。无梁楼盖的结构层厚度比肋梁楼盖小，这使得建筑楼层的有效空间加大，同时，平滑的板底也可以大大改善采光、通风和卫生条件，故无梁楼盖常用于多层的工业与民用建筑中，如商场、餐厅、书库、冷藏库、仓库等，水池盖板和某些整板式基础也常采用这种结构形式。

3.5.1 无梁楼盖的特点

无梁楼盖的优点是简化了传力途径，扩大了楼面的净空，并可直接获得平整的天棚，采光、通风及卫生条件均较好，也节省了施工时的模板用量。其缺点是由于楼盖没有梁，故与相同柱网尺寸的肋梁楼盖相比，其板厚要大，混凝土及钢筋用量较多。无梁楼盖结构按楼面板结构的形式可分为平板式和双向密肋式。平板式无梁楼盖一般设有柱帽，双向密肋式无梁楼盖一般可不设柱帽，但在柱子附近将板厚改为与密肋等高，如图 3.12 所示。双向密肋式无梁楼盖的肋之间可填以加气混凝土等轻质块材，也可采用定型塑料壳。前者可在拆模后获得平整光滑的天棚，省去建筑吊顶；后者通过适当布置，亦可获得美观的天棚造型。

无梁楼盖根据施工方法的不同可分为现浇式和装配整体式两种。现浇式无梁楼盖结构整体性较好，具有一定的抗震能力，但现场施工量大，装配整体式无梁楼盖中常见的是升板结构，升板结构是在制作基础、柱子吊装就位后，以地坪为台座，叠层浇捣楼板，待楼

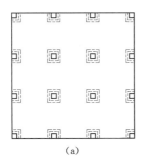　　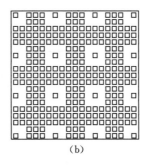

（a）　　　　　　　　　　　　　（b）

图 3.12　无梁楼盖

（a）平板式；（b）双向密肋式

板达到一定强度后再逐层提升至设计标高，并制作板柱节点。由于它是就地施工，不需要构件堆放和起重运输场地，所以特别适用于施工场地受限制的工程。升板结构同时还具有模板用量少、施工速度快等优点，其缺点就是用钢量较多，结构抗震性能较差。

　　无梁楼盖因没有梁，抗侧刚度比较差，所以当层数较多或有抗震要求时，宜设置剪力墙，构成板柱—抗震墙结构。

3.5.2　无梁楼盖的结构布置

　　无梁楼盖的柱网通常布置成正方形或矩形，以正方形最为经济，跨度一般以 $5\sim7\mathrm{m}$ 为宜，在房屋的周边可以布置柱子，如图 3.12 所示；也可不布置柱子，如图 3.13 所示。前者可在房屋中部形成均匀的大空间，但较多的半柱帽和 1/4 柱帽，给施工带来较大不便。后者在内柱与外墙之间形成一条狭窄的空间，给使用者带来一定的不便，但适量的悬挑板可以减少边跨跨中弯矩和柱的不平衡弯矩，既节省材料又减少柱和柱帽的形式。当悬臂板挑出的长度接近 $l/4$ 时（l 为中间区格跨度），边支座负弯矩约等于中间支座的弯矩值，弯矩分布较为合理，因而比较经济。

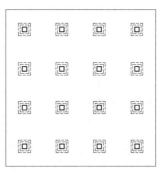

图 3.13　带悬挑的无梁楼盖

　　无梁楼盖结构中柱的截面一般为正方形，边柱也可做成矩形，当有建筑方面的要求时，也可采用圆形或其他形状。柱一般为普通钢筋混凝土结构，但在升板结构中，也有采用劲性配筋柱。这时，柱中的劲型钢骨架，可先用来作为提升架，待楼板提升后再浇筑柱的混凝土。

　　为了改善板的受力性能，提高柱顶处平板的受冲切承载力以及减小板的计算跨度，往往在柱顶设置柱帽，通常柱和柱帽的形式为矩形，有时因建筑要求也可做成圆形。常用的矩形柱帽有无帽顶板、有折线顶板和有矩形顶板 3 种形式。如图 3.14 所示。

　　无梁楼盖通常是等厚的。平板式无梁楼盖有帽顶板时，板的厚度应不小于板较大跨度的 1/35；当无帽顶板时，板的厚度应不小于板较大跨度的 1/32。无柱帽时，柱上板带可适当加厚，加厚部分的宽度可取相应跨度的 30%。双向密肋式无梁楼盖的板厚参照密肋楼盖。

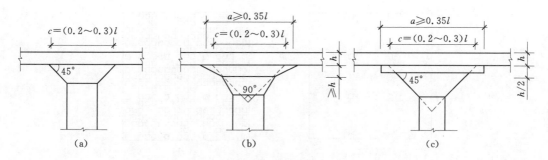

图 3.14 柱帽的主要形式

（a）无帽顶板的矩形柱帽；（b）有折线顶板的矩形柱帽；（c）有矩形顶板的矩形柱帽

3.6 装 配 式 楼 盖

钢筋混凝土装配式楼盖就是将预制好的混凝土板在现场拼装成整体楼盖，其优缺点与现浇钢筋混凝土楼盖正好相反。它的优点是可在工厂或现场事先制作，机械化程度高，施工工期短，模板可重复使用，因而在非抗震地区被广泛使用，特别是在多层住宅建筑中。缺点是整体性差，平面刚度小，要求建筑平面比较规整。

装配式楼盖主要有铺板式、密肋式和无梁式等，其中铺板式应用最广。铺板式楼盖的主要构件是预制楼板。各地大量采用的是本地区的通用定型构件，由各地预制构件厂供应，当有特殊要求或施工条件受到限制时，才进行专用的构件设计。

3.6.1 预制板的形式

预制板的形式有空心板、夹心板、正（倒）槽形板和平板等，如图 3.15 所示。按支承条件，预制板又分为单向板和双向板。为了节约材料，提高构件刚度，预制板应尽可能做成预应力的。

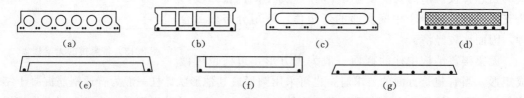

图 3.15 预制板的种类

（a）～（c）空心板；（d）夹心板；（e）、（f）槽形板；（g）平板

3.6.2 预制板的布置与连接

布置预制板时，应根据房间的平面尺寸及当地的施工吊装能力，尽可能选择较宽的板，且型号不宜过多。板的实际宽度比编号上所示板宽尺寸小 10mm，排板时允许板与板之间留有 10～20mm 的空隙，以便灌缝，如图 3.16 所示。板缝一般采用不低于 C15 的细石混凝土或不低于 M15 的砂浆灌筑。

板与支承墙或支承梁的连接是依靠支承处坐浆和一定的支承长度来保证的。坐浆一般厚为 10～20mm，板在砖砌体上的支承长度不应小于 100mm，在混凝土梁上的支承长度不应小于 80mm，如图 3.16（d）所示。空心板两端的孔洞应用混凝土或砖块堵实，避免在灌缝时漏浆。板与非支承墙的连接一般采用细石混凝土灌缝，如图 3.16（b）所示。当沿墙有现浇带或圈梁时更有利于加强板与墙的连接。板与非支承墙的连接不仅仅起着将水平荷载传递给横墙的作用，还起着保证横墙稳定的作用。

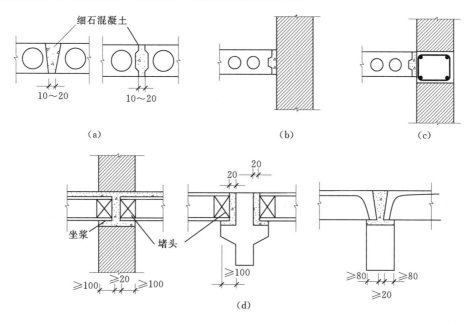

图 3.16　预制板的连接

（a）板与板连接；（b）板与非支承墙连接；（c）板与非支承墙中的圈梁连接；（d）板与支承墙或梁连接

3.7　无粘结预应力混凝土楼盖

为了满足变形和裂缝控制的要求，对于大跨度钢筋混凝土结构常采用预应力混凝土结构，即设法在混凝土结构构件受荷载作用前，使它产生预压应力来减少或抵消荷载所引起的混凝土拉应力。根据张拉钢筋与浇捣混凝土的先后关系，施加预应力的方法又分为先张法和后张法两种。

无粘结预应力混凝土楼盖是指配置无粘结预应力筋的后张法预应力混凝土楼盖。

3.7.1　无粘结预应力混凝土楼盖的特点

无粘结预应力筋是采用钢绞线或碳素钢丝外包专用防腐润滑脂和聚乙烯塑料套管，经挤压涂塑工艺制作成型的。施工时，无粘结预应力筋可如同非预应力筋一样，按照设计要求铺设在模板内，然后浇筑混凝土，待混凝土达到设计强度后，再张拉钢筋，预应力筋与混凝土之间没有粘结，张拉力全靠锚具传到构件混凝土上去。因此，无粘结预应力混凝土结构，不需要预留孔道、穿筋及灌浆等复杂工序，操作简便，加快了施工进度。无粘结预应力筋摩擦力小，且易弯成多跨曲线形状，特别适用于建造需要复杂的连续曲线配筋的大跨度楼盖和屋盖结构。

单就施工造价而言，预应力混凝土楼盖比普通混凝土楼盖要高。但采用无粘结预应力混凝土楼盖结构具有如下特点：①有利于降低建筑物层高和减轻结构自重；②改善结构的使用功能，在自重和准永久荷载作用下楼板挠度很小，几乎不存在裂缝；③楼板跨度增大可以减少竖向承重构件的布置，增加有效的使用面积，也容易适应对楼层多用途、多功能的使用要求；④节约钢材和混凝土。因此，总的来说，采用预应力混凝土楼盖是非常经济合理的。

3.7.2 无粘结预应力混凝土楼盖的结构布置

无粘结预应力混凝土楼盖常见的形式，如图 3.17 所示。

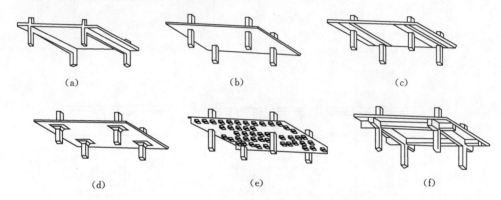

（a）   （b）   （c）

（d）   （e）   （f）

图 3.17 无粘结预应力混凝土楼盖的形式
（a）单向板；（b）无梁平板；（c）带宽扁梁板；（d）带柱帽板；（e）密肋板；（f）梁支承双向板

图 3.17（a）中单向板在荷载作用下，主要沿一个方向出现弯曲变形，故可按梁进行设计。这种板传力简单、施工方便。单向板常用跨度为 6～9m。图 3.17（b）无梁平板和图 3.17（c）带有宽扁梁的板，对于跨度在 7～12m、可变荷载在 5kN/m² 以下的楼盖，比采用单向板要经济合理得多。图 3.17（d）带柱帽的板、图 3.17（e）密肋板和图 3.17（f）梁支承的双向板则用于建筑物跨度或可变化荷载更大时，将会比前两者更为经济合理。

3.7.3 无粘结预应力梁板的跨高比限值

后张无粘结预应力板的设计，必须确保在正常使用极限状态下，混凝土中的应力满足规定的抗裂等级要求，有足够的承载能力，挠度在允许值范围以内。为此在确定板的厚度时，必须考虑挠度、抗冲切承载力、防火及钢筋防腐蚀等要求。根据工程经验，可取预应力梁板的跨高比限值见表 3.1。

表 3.1   预应力混凝土梁板的跨高比限值确定

结 构 形 式	跨 高 比	结 构 形 式	跨 高 比
单向梁	16～25	单向板	35～45
扁梁	20～25	双向板	40～50
框架梁	12～18	密肋板	30～35
井式梁	20～25	悬臂板	≤16
悬臂梁	≤10		

思 考 题

3.1 为什么说合理选择楼盖结构的形式有着重要的意义？

3.2 按结构布置形式楼屋盖的结构类型有几种？

3.3 单向板肋梁楼盖的结构布置方案有哪几种？

3.4 钢筋混凝土肋梁楼盖中，如何区别"单向板"和"双向板"？它们各自的传力路径有何不同？

3.5 井式梁与双向板支承梁在梁的布置上有何区别？

3.6 什么叫密肋楼盖？密肋楼盖与一般的钢筋混凝土肋梁楼盖相比有何优点？

3.7 无梁楼盖设置柱帽的作用是什么？

3.8 无粘结预应力混凝土楼盖有哪些优点？

第4章 梁

4.1 概 述

梁是建筑结构中最基本的构件之一，广泛应用在中小跨度的房屋建筑中。梁主要承受垂直于梁轴线方向荷载的作用，它具有受力分析简单、施工制作方便等优点。

梁的类型很多，可以按材料分类，可按截面形式分类，也可以按支座约束条件分类。

1. 按材料分类

梁可分为石梁、木梁、钢梁、钢筋混凝土梁、预应力混凝土梁和钢—钢筋混凝土组合梁等。

在古代石建筑中，石梁得到了大量的应用。图4.1为古希腊雅典的帕提农神庙，其建筑形式为列柱围廊式，采用大理石建造的梁柱结构，石梁因抗拉强度低，故跨度小、梁高较大，柱式围廊的柱距约4.2m，神庙内石柱林立，使用起来很不方便。

图4.1 古希腊帕提农神庙

木梁在我国古代的庙宇、宫殿建筑中应用极为普遍，直至近代仍有较多的应用。图4.2为建于唐代的山西省五台县的南禅寺大殿，是我国现存最古老的木结构建筑之一，其木梁最大跨度可达5m左右。由于木材自重轻，抗拉、抗压强度均较高。因此，木梁比石

图4.2 山西南禅寺大殿

梁截面小、跨度大，室内空间开阔，使用方便。但木材防腐、防蛀、防火性能差，且资源有限，因此在现代建筑结构中使用得越来越少。

钢梁在现代建筑中应用广泛。钢梁的材料强度高、截面尺寸较小，自重较轻，施工方便。但钢材防腐、防火性能较差，造价和维修费用也较高。图4.3为浙江王江泾高速公路收费站钢梁屋顶。

图4.3　王江泾高速公路收费站钢梁屋顶

钢筋混凝土梁是目前应用最为广泛的梁，它利用混凝土受压，纵向钢筋受拉，箍筋受剪，由纵向钢筋、箍筋和混凝土共同工作，整体受力。钢筋混凝土梁具有受力明确、构造简单、施工方便、造价低廉等优点；其缺点是自重较大。当跨度较大时，因挠度和裂缝宽度不易满足限制要求，跨度一般不宜超过12m。图4.4为浙江省杭州市市民中心钢筋混凝土肋梁楼盖。

图4.4　浙江省杭州市市民中心钢筋混凝土肋梁楼盖

预应力混凝土梁主要应用于大跨度钢筋混凝土的建筑中。由于在受拉区施加了预压应力，可有效地控制梁的裂缝宽度和挠度；由于采用了高强混凝土和高强钢筋，可节省材料、减轻结构自重。预应力混凝土梁的适用跨度宜超过12m，也有超过30m及更大跨度的工程实例。图4.5为浙江林学院图书馆，

图4.5　浙江林学院图书馆一层报告厅屋顶采用预应力混凝土梁

其中一层报告厅屋顶采用预应力混凝土梁。

钢—钢筋混凝土组合梁近几年也开始在房屋建筑中得到应用，它是下部采用钢材受拉，上部采用钢筋混凝土受压，充分利用了钢和混凝土的强度性能，因而具有较好的技术经济指标。图 4.6 为浙江省杭州市瑞丰大厦，它采用钢—钢筋混凝土组合梁。

2. 梁按截面形式分类

梁常用矩形、T 形、工字形、倒 L 形、L 形、十字形、花篮形和圆形等截面形式，如图 4.7 所示。

矩形是最简单的截面形式，一般情况下竖放，即梁截面高度应大于梁截面宽度，这样可使梁具有较大的刚度。但当建筑上对梁高有限制时，也可采用宽度大于高度的扁梁。当钢筋混凝土梁与楼板整浇在一起时，则形成 T 形或倒 L 形截面梁。工字形截面一般多用于钢梁和大跨度预应力混凝土梁。十字形和花篮形常用于搁置预制板。圆形（环形）多用于木梁、管桥等。

图 4.6 浙江省杭州市瑞丰大厦采用钢—钢筋混凝土组合梁

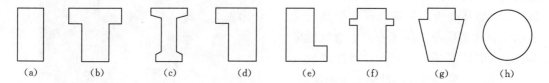

图 4.7 常用梁的截面形式

（a）矩形；（b）T 形；（c）工字形；（d）倒 L 形；（e）L 形；（f）十字形；（g）花篮形；（h）圆形

为了适应弯矩和剪力的变化，预应力混凝土梁可采用变高度双坡薄腹梁、鱼腹梁、空腹梁，如图 4.8 所示。梁端因弯矩变小而剪力变大，这时可减小梁高，增加梁宽以提高抗剪承载力，故端部常采用 T 形截面。普通钢筋混凝土薄腹梁的适用跨度为 6～12m，预应力混凝土薄腹梁的适用跨度为 12～18m。

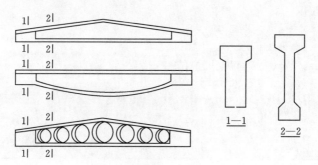

图 4.8 薄腹梁的主要形式

3. 按支座约束条件分类

梁按支座约束条件，可分为静定梁和超静定梁。根据梁跨数的不同，又可分为单跨和多跨。单跨静定梁又分为简支梁和悬臂梁，如图 4.9 所示。

图 4.9 简支梁和悬臂梁

(a) 简支梁；(b) 悬臂梁

单跨超静定梁常见的有两端固定梁和一端固定一端简支梁，如图 4.10 所示。

图 4.10 单跨超静定梁

(a) 两端固定梁；(b) 一端固定一端简支梁

多跨超静定梁又称多跨连续梁，如图 4.11 所示。

图 4.11 多跨连续梁

4.2 梁 的 受 力 特 点

梁主要承受垂直于梁轴线方向的荷载作用，其内力主要为弯矩和剪力，有时也有扭矩和轴力。梁的变形主要是挠曲变形。梁的内力与变形的大小主要与梁的约束条件有关。

图 4.12 为单跨梁在竖向均布荷载作用下的弯矩图。

图 4.12 (a) 所示的简支梁为静定结构。其优点是构造简单，但内力和挠度较大。

图 4.12 (b) 所示的悬臂梁也为静定结构。其优点是一端支撑，悬臂端视野开阔，空间布置灵活。但固定端倾覆力矩较大。

图 4.12 (c) 所示的两端固定梁为超静定结构。当梁柱节点构造为刚接时，可按两端固定梁考虑，它的跨中弯矩和挠度小于两端简支的，支座负弯矩大于两端简支的。

图 4.12 (d) 所示的两端外伸简支梁为静定结构。

由于两端外伸段负弯矩的作用，跨中最大正弯矩和挠度都将小于相同跨度的两端简支梁。这一结构的

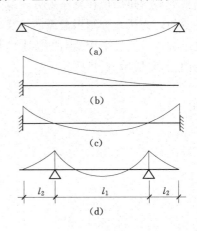

图 4.12 单跨梁在竖向荷载
作用下的弯矩图

(a) 简支梁；(b) 悬臂梁；(c) 两端
固定梁；(d) 两端外伸简支梁

29

受力性能对于充分发挥材料的作用是十分有利的，而在结构构造上也是很容易实现的。

对悬臂端倾覆力矩一般可采用图 4.13 所示的几种方式来平衡。图 4.13（a）为上部压重平衡，如雨篷、阳台等；图 4.13（b）为下部拉压平衡，下部柱子一个受拉（右）、一个受压（左），如体育馆等大空间网架、网壳结构；图 4.13（c）为左右自平衡，左右可以完全对称，如机库、车库，也可以不对称，如体育看台等，小跨方向可作为服务性用房；图 4.13（d）为副跨框架平衡，整个结构可看成是带悬挑的框架，设计时应对整个房屋结构进行分析，如剧院的挑台等。

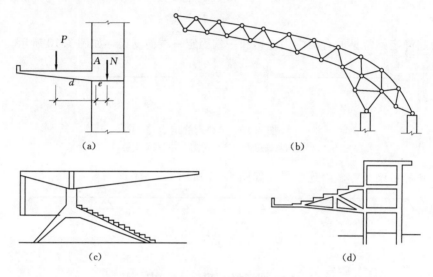

图 4.13　悬挑结构的平衡方式
（a）上部压重平衡；（b）下部拉压平衡；（c）左右自平衡；（d）副跨框架平衡

图 4.14 为三跨连续梁在竖向均布荷载作用下的弯矩图与挠度图。由图 4.14 可知，梁内最大负弯矩出现在支座上方，最大正弯矩则出现在跨中附近，各跨的最大正弯矩也是不相等的。为了充分利用截面的承载力，除钢筋混凝土结构可通过配筋量来调节外，对大跨度结构也可通过采用变高度梁来调整，或通过改变梁的跨度使梁的弯矩最大值趋于均匀，如图 4.15 所示。

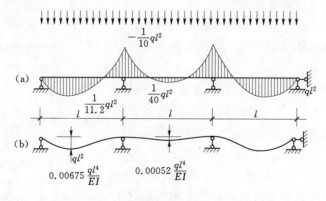

图 4.14　三跨连续梁的弯矩图与挠度图
（a）弯矩图；（b）挠度图

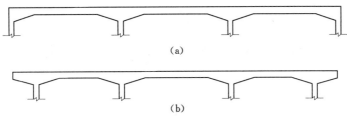

图 4.15　多跨连续梁的形式
(a) 变高度连续梁；(b) 带悬臂变高度连续梁

4.3　钢筋混凝土梁的构造

　　钢筋混凝土梁的截面尺寸应根据梁的跨度、荷载大小、支承情况以及建筑使用要求来确定，一般梁的高度可取梁的跨度的 $1/14\sim1/8$，梁的宽度可取梁的高度的 $1/3\sim1/2$。当梁的截面高度受到限制时，也可采用梁宽大于梁高的扁梁。当荷载较大时，梁高应取得大些，简支梁应比连续梁截面取得大些。

思　考　题

4.1　按材料分类梁可分为哪几种？

4.2　悬挑结构有哪几种平衡方式？

4.3　钢筋混凝土梁的高跨比一般取多少？

第5章 桁架结构

5.1 概　　述

　　桁架结构是指由若干直杆在其两端用铰连接而成的结构。桁架作为承重结构，其基本原理来自三角形的稳定构型。桁架结构的优点是受力合理、计算简单、施工方便、适应性强，对支座没有横向推力，因而在结构工程中得到较为广泛的应用。在房屋建筑中，桁架常用来作为屋盖承重结构，这时常称为屋架。桁架结构的主要缺点是结构高度大，侧向刚度小，其中侧向刚度小，这对于钢屋架特别明显，桁架结构受压的上弦平面外稳定性差，难以抵抗房屋纵向的侧向力，这就需要设置支撑。一般房屋纵向的侧向力并不大，但支撑很多，且都按构造（长细比）要求确定截面，故耗钢量不少却未能材尽其用。

　　桁架结构主要由上弦杆、下弦杆和腹杆三部分组成，如图5.1所示。简支梁在弯矩作用下，沿梁轴线的弯矩和剪力的分布以及截面内的正应力和剪应力的分布都极不均匀。因此，若以上、下边缘处材料的强度作为控制值，则中间部分的材料就不能充分发挥作用。同时，在剪力作用下，剪应力在中和轴处最大，在上、下边缘处为零，分布在上、下边缘处的材料不能充分发挥其抗剪作用。尽管通过改变梁的截面形式（例如把梁截面由矩形改为工字形）、改变梁的截面尺寸（例如在梁的跨中和支座附近变高度、变梁宽）等做法可改善梁的受力性能，但这些都没有从本质上解决问题。

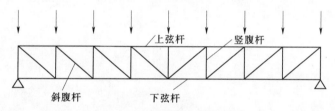

图 5.1　桁架结构的组成

　　图5.1所示的桁架结构则具有与简支梁完全不同的受力性能。尽管从结构整体来说，外荷载所产生的弯矩图与剪力图与作用在简支梁上完全一致，但在桁架结构内部，则是桁架的上弦受压、下弦受拉，由此形成力偶来平衡外荷载所产生的弯矩。外荷载所产生的剪力则是由斜腹杆轴力中的竖向分量来平衡。因此，在桁架结构中，各杆件单元（上弦杆、下弦杆、斜腹杆、竖杆）均为轴向受拉或轴向受压构件，使材料的强度可以得到充分的发挥。

5.2　桁架结构的受力特点

5.2.1　桁架结构的计算假定

　　现实中桁架结构的构造和受力情况一般是比较复杂的。为了简化计算，通常选择以下几个基本假定条件：

（1）组成桁架的所有各杆都是直杆，所有各杆的中心线（轴线）都在同一平面内，这一平面称为桁架的中心平面。

（2）桁架的杆件与杆件相连接的节点均为铰接节点。

（3）所有外力（包括荷载与支座反力）都作用在桁架的中心平面内，并集中作用于节点上。

上述假定条件（2）是桁架结构简化计算模型的关键，在实际房屋建筑工程中，真正采用铰接节点的桁架是极少的。例如，木材常常采用的榫接，与铰接的力学要求较为接近；钢材常用铆接或焊接，节点可以传递一定的弯矩；钢筋混凝土的节点构造则往往采用刚性连接，如图5.2所示。因此，严格地说，钢桁架和钢筋混凝土桁架都应该按刚架结构计算，各杆件除承受轴力外，还承受弯矩的作用。但进一步的理论分析和工程实践经验证明，上述杆件内的弯矩所产生的应力很小，只要在节点构造上采取适当的措施，其应力对结构或构件不会造成危害，故计算中一般均将桁架结构节点按铰接处理。

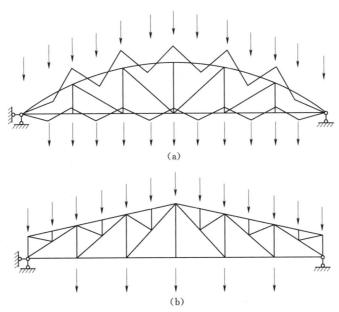

图 5.2　桁架上弦的受力

（a）荷载作用于节间；（b）荷载作用于节间

把节点简化成铰接节点后，为保证各杆件仅承受轴力，还必须满足假定条件（3）的要求，即桁架结构仅受到节点荷载的作用。对于桁架上直接搁置屋面板的结构，当屋面板的宽度和桁架上弦的节间长度不等时，上弦将受到节间荷载的作用并产生弯矩，或对于下弦承受吊顶荷载的结构。当吊顶梁间距与下弦节间长度不等时，也会在下弦产生节间荷载及弯矩。这将使上、下弦杆件由轴向受压或轴向受拉变为压弯或拉弯构件见图5.2（a），这是极为不利的。对于木桁架或钢筋混凝土桁架，因其上、下弦杆截面尺寸较大，节间荷载所产生的弯矩对构件受力的影响可通过适当增大截面或采取一些构造措施予以解决；而对于钢桁架，因其上、下弦杆截面尺寸较小，节间荷载所产生的弯矩对构件受力有较大影响，将会引起材料用量的大幅度增加。这时候，桁架节间的划分应考虑屋面板、檩条、吊顶梁的布置要求，使荷载尽量作用在节点上。当节间长度较大时，在钢结构中，常采用再分式屋架［见图 5.2 (b)］，使屋面荷载直接作用在上弦节点上，避免了上弦受弯。

5.2.2 桁架结构的内力

尽管桁架结构中以轴力为主，其构件的受力状态比梁的结构合理，但在桁架结构各杆件单元中，内力的分布是不均匀的。若同一类杆件截面的大小一致，则杆件的截面尺寸应由同一类构件中内力最大者决定，其余杆件的材料强度仍不能得到充分的发挥。

对矩形桁架、三角形桁架、折线形桁架的腹杆内力计算分析可见，矩形桁架为等高桁架，故沿跨度方向各腹杆的轴力变化与剪力图一致，跨中小而支座处大，其值变化较大。三角形桁架因其高度变化速度大于剪力变化速度，故斜腹杆和竖腹杆的受力都是跨中大、支座小，而抛物线形桁架或折线形桁架的腹杆内力全部为零。可以想象，梯形桁架的腹杆受力介于矩形桁架和三角形桁架之间。

值得注意的是，斜腹杆的布置方向对腹杆受力的负荷（拉或压）有直接的关系。对于矩形桁架，斜腹杆外倾受拉，内倾受压，竖腹杆受力方向与斜腹杆相反；对于三角形桁架，斜腹杆外倾受压，内倾受拉，而竖腹杆则总是受拉。

5.3 屋架结构的形式与布置

5.3.1 屋架的形式

屋架的形式很多，按所使用的材料的不同，可分为木屋架、钢—木组合屋架、钢屋架、轻型屋架、钢筋混凝土屋架、预应力混凝土屋架、钢筋混凝土—钢组合屋架等；按屋架外形的不同，有三角形屋架、梯形屋架、抛物线屋架、折线型屋架、平行弦屋架等；根据结构受力的特点及材料性能的不同，也可分为桥式屋架、无斜腹杆屋架或刚接桁架、立体桁架等。

1. 木屋架

常用的木屋架是方木或原木齿连接的豪式木屋架，一般分为三角形和梯形两种，如图 5.3 所示。

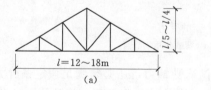 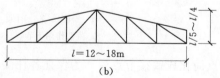

（a）　　　　　　　　　　　　　　（b）

图 5.3　豪式木屋架
（a）三角形豪式屋架；（b）梯形豪式屋架

豪式木屋架的节间长度以控制在 2～3m 的范围内为宜，一般为 4～8 节，适用跨度为 12～18m。木屋架的高跨比宜为 1/5～1/4。

图 5.3 (a) 所示的三角形屋架的内力分布不均匀，支座处大而跨中小，一般适用于跨度在 18m 以内的建筑中。三角形屋架的坡度大，因此，适用于屋面材料为粘土瓦、水

泥瓦及小青瓦等要求排水坡度较大的情况。

图 5.3（b）所示的梯形屋架受力性能比三角形屋架合理。当房屋跨度较大时，选用梯形屋架较为适宜。当采用波形石棉瓦、铁皮或卷材作为屋面防水材料时，屋面坡度需取 $i=1/5$。梯形屋架适用跨度为 $12\sim18m$。

2. 钢—木组合屋架

钢—木组合屋架的形式有豪式屋架、芬克式屋架、梯形屋架和下折式屋架，如图 5.4 所示。

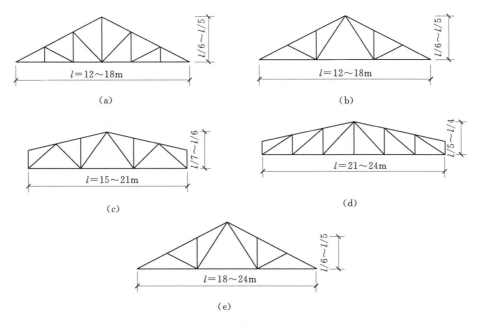

图 5.4　钢—木组合屋架

由于不易取得符合下弦材质标准的上等木材，特别是原木和方木不容易干，干燥后的裂缝对采用齿连接和螺栓连接的下弦十分不利，而采用钢拉杆作为屋架的下弦，每平方米建筑面积的用钢量仅为 $2\sim4kg$，但却显著地提高了结构的可靠性。同时由于钢材的弹性模量高于木材，而且还消除了接头的非弹性变形，从而提高了屋架结构的刚度。

钢—木组合屋架的适用跨度视屋架结构的外形而定，对于三角形屋架，其跨度一般为 $12\sim18m$，对于梯形、折线形等多边形屋架，其跨度可达 $18\sim24m$。

3. 钢屋架

钢屋架的形式主要有三角形屋架（见图 5.5）、梯形屋架（见图 5.6）、矩形（平行弦）屋架（见图 5.7）等，为改善上弦杆的受力情况，常采用再分式腹杆的形式〔见图 5.6（b）〕。

三角形屋架一般用于屋面坡度较大的屋盖结构中。当屋面材料为粘土瓦、机制平瓦时，要求屋架的高跨比为 $1/4\sim1/6$。三角形屋架弦杆内力变化较大，弦杆内力在支座处最大，在跨中最小，材料强度不能充分发挥作用，一般宜用于中小跨度的轻型屋盖结构。当荷载和跨度较大时，采用三角形屋架就不够经济。三角形钢屋架的常用形式是芬克式屋架，它的腹杆受力合理，长杆受拉，短杆受压，且可分为两榀小屋架制作，运至现场进行安装、施工也较方便。必要时可将下弦中段抬高，使房屋净空增加。

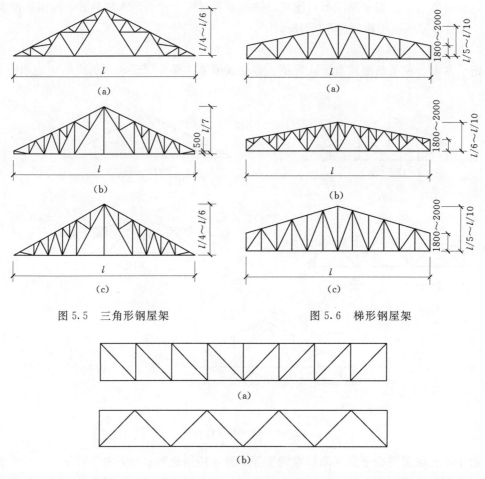

图 5.5 三角形钢屋架　　　　　图 5.6 梯形钢屋架

图 5.7 矩形钢屋架

梯形屋架一般用于屋面坡度较小的屋盖中。其受力性能比三角形屋架优越，适用于较大跨度或荷载的工业厂房。当上弦坡度为 1/8~1/12 时，梯形屋架的高度可取（1/6~1/10）l，当跨度大或屋面荷载小时取小值，当跨度小或屋面荷载大时取大值。梯形屋架一般都用于无檩条体系屋盖，屋面材料大多用于大型屋面板。这时上弦节间长度应与大型屋面板尺寸相配合，使大型屋面板的主肋正好搁置在屋架上弦的节点上，在上弦中不产生局部弯矩。当节间过长时，可采用再分式腹杆的形式。当采用有檩条体系屋盖时，则上弦节点长度可根据檩条的间距而定，一般为 0.8~3.0m。

矩形屋架也称为平行弦屋架。因其上、下弦平行，腹杆长度一致，杆件类型较少，易于满足标准化、工业化生产的要求。矩形屋架在均布荷载作用下，杆件内力分布极不均匀，故材料强度得不到充分利用，不宜用于大跨度的建筑中，一般常用于托架或支撑系统。当跨度较大时为节约材料，也可采用不同的杆件截面尺寸。

4. 轻型钢屋架

轻型钢屋架按的形式主要有三角形屋架、三铰拱屋架和棱形屋架 3 种。其中，最常用的是三角形屋架。屋架的上弦一般用小角钢，下弦和腹杆可用小角钢或圆钢。

屋面有斜坡屋面和平坡屋面两种。三角形屋架和三铰拱屋架适用于斜坡屋面，屋面坡度通常取 1/2～1/3。棱形屋架的屋面坡度较为平坦，通常取 1/8～1/12。轻型钢屋架适用于跨度不大于 18m，柱距 4～6m，设置有起重量不大于 50kN 的中、轻级工作制桥式吊车的工业建筑和跨度不大于 18m 的民用房屋的屋盖结构。也有一些实际工程的跨度已超过了上述范围。

三角形轻型钢屋架常用的有芬克式和豪式两种。构件布置和受力特点与普通钢屋架相似。三铰拱轻型钢屋架由两根斜梁和一根拉杆组成，斜梁有平面桁架式和空间桁架式两种，如图 5.8 所示，拉杆可用圆钢或角钢。这种屋架的特点是杆件受力合理，斜梁腹杆短，取材方便，经济效果好。三铰拱屋架由于拱拉杆比较细柔，不能承压，并且无法设置垂直支撑和下弦水平支撑，整个屋盖结构的刚度较差，故不宜用于有振动荷载及屋架跨度超过 18m 的工业厂房。为了满足整体稳定性要求，斜梁的高跨比宜取 1/12～1/18。斜梁截面的宽度与高度之比宜取 1/1.5～1/2.0。

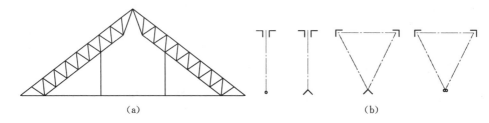

(a)　　　　　　　　　　　　　(b)

图 5.8　三角形轻钢屋架
(a) 桁架式斜梁；(b) 斜梁截面

棱形屋架有平面桁架式和空间桁架式两种。一般是上弦杆为角钢、其余则采用圆钢构成空间桁架结构，如图 5.9 所示，具有取材方便、截面重心低、空间刚度好、一般可不设支撑等优点。

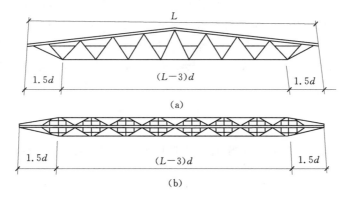

L

$1.5d$　　　$(L-3)d$　　　$1.5d$

(a)

$1.5d$　　　$(L-3)d$　　　$1.5d$

(b)

图 5.9　棱形轻型屋架
(a) 立面图；(b) 平面图

5. 钢筋混凝土屋架

钢筋混凝土屋架的常见形式有梯形屋架、折线形屋架、拱形屋架、无斜腹杆屋架等。根据是否对屋架下弦施加预应力，可分为钢筋混凝土屋架和预应力混凝土屋架。钢筋混凝土屋架的适用跨度为 15～24m，预应力混凝土屋架的适用跨度为 18～36m 或更大。钢筋混凝土屋架的常用形式如图 5.10 所示。

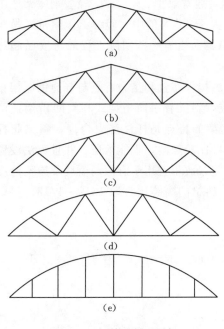

图 5.10 钢筋混凝土屋架

图 5.10（a）中梯形屋架上弦为直线，屋面坡度为 1/10～1/12，适用于卷材防水屋面。一般上弦节间为 3m，下弦节间为 6m，矢高与跨度之比为 1/6～1/8，屋架端部高度为 1.8～2.2m。梯形屋架自重较大，刚度好，适用于重型、高温及采用井式或横向天窗的厂房。

图 5.10（b）中折线形屋架外形较合理，结构自重轻型，屋面坡度为 1/3～1/4，适用于非卷材防水屋面的中型厂房或大中型厂房。

图 5.10（c）中折线形屋架屋面坡度平缓，适用于卷材防水屋面的中型厂房。为改善屋架端部的屋面坡度，减少油毡下滑和油膏流淌，一般可在端部增加两个杆件，以使整个屋面的坡度较为均匀。

图 5.10（d）拱形屋架上弦为曲线，一般采用抛物线形，为制作方便，也可采用折线形，但应使折线的节点落在抛物线上。拱形屋架外形合理，杆件内力均匀，自重轻，经济指标良好。但屋架端部屋面坡度太陡，这时可在上弦上部加设短柱而不改变屋面坡度，使之适合于卷材防水。拱形屋架矢高比一般为 1/6～1/8。

图 5.10（e）无斜腹杆屋架的上弦一般为抛物线拱。由于没有斜腹杆，故结构构造简单，便于制作。屋面板可以支承在上弦杆上，也可以支承在下弦杆上，适用于采用井式或横向天窗的厂房。这样不仅省去了天窗架等构件，简化了结构构造，而且还降低了厂房屋盖的高度，减小了建筑物受风的面积。无斜腹梁杆屋架的技术经济指标较好。当采用预应力时，适用跨度可达 36m。由于没有斜腹杆，屋架中管道穿行和工人检修等均很方便，使屋架高度的空间得以充分利用。无斜腹杆屋架力学上的显著特点是屋架节点不能简化为铰节点，若简化为铰节点，则将成为几何可变的机构。因此，屋架应按刚架结构或按拱式结构计算。

6. 钢筋混凝土—钢组合屋架

常见的钢筋混凝土—钢组合屋架有折线形屋架、三铰屋架、两铰屋架等，如图 5.11 所示。

折线形屋架上弦及受压腹杆为角钢，充分发挥了两种不同材料的力学性能，其特点是自重轻、材料省、技术经济指标较好，适用跨度为 12～18m 的中小型厂房。折线形屋架屋面坡度约为 1/4，适用于石棉瓦、瓦垄铁、构件自防水等屋面。为使屋面坡度均匀一

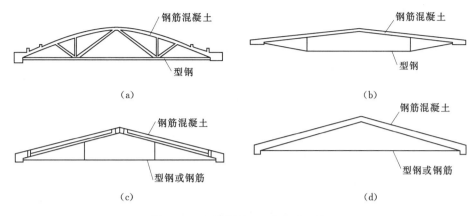

图 5.11　钢筋混凝土—钢组合屋架

致，也可在屋架端部上弦加设短柱。

两铰或三铰组合屋架，上弦为钢筋混凝土或预应力混凝土构件，下弦为型钢或钢筋，预接点为刚架（两铰组合屋架）或铰接（三铰组合屋架）。此类屋架特点杆件少、自重轻、受力明确，构造简单，施工方便，特别适用于农村地区的中小型建筑。当采用卷材防水时屋面坡度为 1/5，非卷材防水时屋面坡度为 1/4。

桥式屋架是将屋面板与屋架合二为一的结构体系，常采用钢筋混凝土—钢组合桥式结构，如图 5.12 所示。屋架结构的上弦为钢筋混凝土屋面板，下弦和腹杆可为钢筋，亦可为型钢。

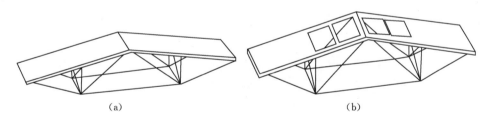

图 5.12　钢筋混凝土—钢组合桥式屋架
（a）不带天窗；（b）带天窗

5.3.2　屋架的选型

屋架的选型应考虑房屋的用途、建筑造型、屋面防水构造、屋架跨度、屋架结构材料及施工技术等，做到受力合理、技术先进、经济适用。其中建筑造型和屋面防水构造与建筑师有很大关系，而屋面防水构造又决定了屋面排水坡度，也决定了屋盖的建筑造型。

当屋面采用瓦屋面时，屋架上弦坡度应大些，一般不小于 1/3，应选用坡度较陡的三角形屋架或折线形屋架，以利于排水；当屋面采用卷材防水、金属薄板防水时，屋架上弦坡度可平缓些，一般为 1/8～1/12，应选用梯形屋架、拱形屋架以及坡度较缓的折线形屋架。

屋架的节间长度与屋架的形式、材料及荷载条件有关。一般上弦受压，下弦受拉。当屋盖采用有檩体系时，屋架上弦节点应与檩条间距一致，一般取 1.5～4m；当屋盖采用大型屋面板时，屋架上弦节点一般取二倍的屋面板宽度。

5.3.3 屋架的结构布置

屋架的跨度、间距、标高等主要由建筑外观造型及使用功能的要求而决定。屋架的跨度一般以 3m 为模数。屋架的间距除建筑平面柱网布置的要求外，还要考虑屋面板或檩条、吊顶龙骨的跨度，常见的有 6m，有时也有 7.5m、9m、12m。屋架的支座标高除满足工艺要求外，还要考虑建筑外形的要求。

5.3.4 屋架的支撑

平面屋架结构虽然有很好的平面内受力性能，但其平面外的刚度很小。为保证结构的整体性，必须要设置各类支撑。包括屋架之间的垂直支撑、水平系杆以及上、下弦平面内的横向支撑和下弦平面内的纵向水平支撑等。

5.4 桁架结构的其他形式

5.4.1 立体桁架的形式及特点

平面屋架耗钢量多的主要原因是因其平面外的刚度小，必须设置各类支撑，而支撑常常以长细比等构造要求控制，材料强度得不到充分发挥。为了避免此缺点，改用立体桁架。

立体桁架的截面形式分为矩形、正三角形和倒三角形，如图 5.13 所示。它是由两榀平面桁架相隔一定的距离以连接杆件将两榀平面桁架成 90°或 45°夹角，其构造与施工简单易行，但耗钢量较多。图 5.12 为矩形截面的立体桁架。为减少连接杆件，可采用三角形截面的立体桁架。当跨度较大时，因上弦压力较大，截面大，可把上弦一分为二，构成倒三角形立体桁架。当跨度较小时，上弦截面不大，如再一分为二，势必对受压不利，故

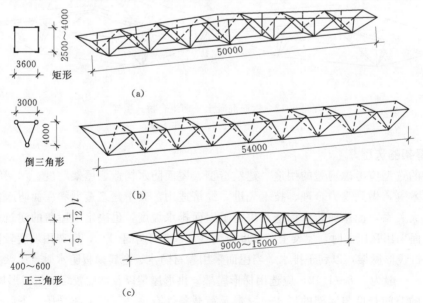

图 5.13 立体桁架

(a) 矩形截面；(b) 倒三角形截面；(c) 正三角形截面

宜把下弦一分为二,就构成正三角形立体桁架。两根下弦在支座节点交汇于一点,形成两端尖的梭子状,故亦称为梭形架。立体桁架由于具有较大的平面外刚度,有利于吊装和使用,节省用于支撑的钢材,因而具有较大的优越性。但三角形截面的立体桁架杆长计算繁琐,杆件的空间角度非整体,节点构造复杂,焊缝要求高,制作复杂。

5.4.2 刚接桁架的形式及特点

多数桁架的杆件与杆件连接节点为铰节点,一则可简化计算,二则也比较符合桁架结构的实际受力情况。但有时由于使用功能或建筑造型上的要求,桁架没有斜腹杆,仅有竖腹杆,如图 5.14 所示。这时若再把桁架节点简化为铰接节点,则整个结构就成为一个几何可变的构件,必须采用刚接桁架。

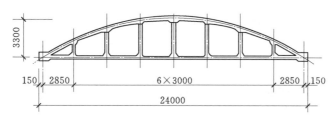

图 5.14 无斜腹杆刚接桁架

5.5 工 程 实 例

1. 贝宁友谊体育场

位于贝宁科托努市的贝宁友谊体育场的多功能综合体育馆,如图 5.15 所示。体育馆可容纳观众 5000 名,总建筑面积 14051m²。屋盖结构采用钢管球节点梭形立体桁架,跨度为 65.3m,跨高比为 1/13,中间起拱 1/330。桁架正立面及上弦平面如图 5.16 所示。桁架上弦及腹杆采用 20 号普通碳素钢无缝钢管,下弦用 16 锰低合金无缝钢管,钢球及加劲肋用 16 锰低合金钢,钢管支撑用 20 号普通碳素钢无缝钢管。用钢量为 0.41kN/m²。

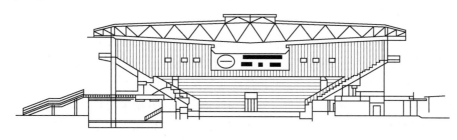

图 5.15 贝宁友谊体育馆剖面

立体桁架采用钢球节点,使各杆件的中心交汇于球节点的中心,如图 5.17 所示。其特点是受力明确、均匀、施工方便。立体桁架的弦杆及斜杆与球节点的连接均加设衬管。为了减少檩条的跨度,桁架加设了再分杆。

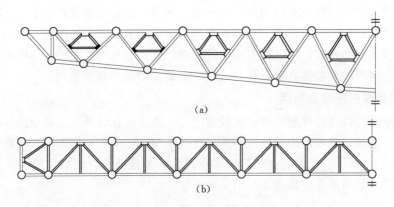

图 5.16 贝宁友谊体育馆立体桁架
(a) 立面图；(b) 上弦平面

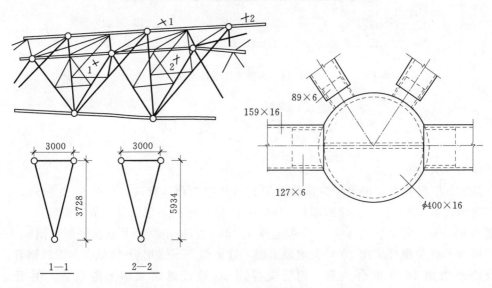

图 5.17 贝宁友谊体育馆立体桁架节点详图

2. 上海大剧院

上海大剧院位于上海市人民广场西北角，工程总建筑面积 62800m²，地下两层，地上 6 层，高度为 40m，如图 5.18 所示。方案中最引人注目的是呈反拱的月牙形屋盖，反拱圆弧半径 $R=93$m，拱高 11.5m。由于其独特的建筑造型和特殊的功能及工艺要求，大剧院的屋盖体系采用交叉刚接桁架结构。纵向为两榀主桁架及两榀次桁架，如图 5.18 所示。在每榀主桁架结构下各设三个由电梯井筒壁形成的薄壁柱，作为整个屋架结构的支座，次桁架仅起到保证屋盖整体性的作用。横向为 12 榀半月牙无斜腹杆刚接屋架。此外，屋盖结构内还布置有一定的联系梁和支撑。

由于较高的隔声要求，钢结构与下部的观众厅等钢筋混凝土结构完全脱开。反拱的月牙形屋盖内有两层，局部为三层，作为设备层及观光餐厅等。因此，它既是覆盖整个大剧院下部结构的屋顶，又是上部屋顶结构的承重结构，独具一格地发挥着双重功能。

图 5.18　上海大剧院

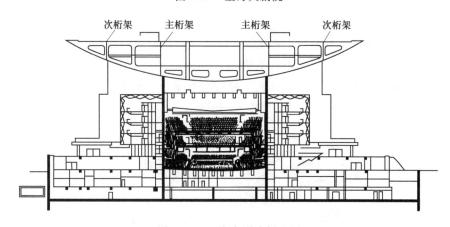

图 5.19　上海大剧院剖面图

　　主桁架结构简图，如图 5.20 所示，主桁架高度 10.0m，上、下均采用箱形截面，上弦截面为 1000mm×700mm，下弦截面为 2500mm×700mm，腹杆截面为 800mm×700mm，钢板厚度为 40～70mm。为了加强主桁架的刚度，减小悬臂端的挠度，以及抵抗竖向荷载在支座处的剪力，每榀主桁架在支座处的桁架节间设两块 6.6m×10.0m×50mm、相距 50mm 的抗剪钢板，主桁架杆件节点都设计成刚节点。

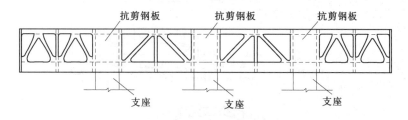

图 5.20　上海大剧院纵向主桁架结构简图

　　横向的月牙形屋架采用箱形截面空腹刚架结构，即前面提到的无斜腹杆屋架，如图 5.21 所示，这样既可满足建筑对钢屋盖内部纵向交通的要求，又使杆件总数减少，节点构造简单。同时，采用箱形截面，使杆件内力能够通过节点板传到与桁架面平行的杆件腹杆，再扩展到整个杆件截面，受力性能好，具有很大的抗扭刚度和双向抗弯刚度，整体稳定性强，可省去大量支撑。月牙形屋架上弦截面为 1000mm×800mm，下弦截面根据建筑楼层标高及内力大小从 1000mm×800mm 变化至 2500mm×800mm，钢板厚度 30～70mm。由于位于主舞台上方的三榀月牙形桁架被主舞台周围的薄壁筒体截断，为了保证钢屋盖的整体刚度，采用加强钢屋盖纵向联系、加强主桁架抗扭刚度及提高三榀被截断的月牙形刚架的自身刚度等措施，使各榀月牙形桁架的悬臂端挠度趋于均匀。

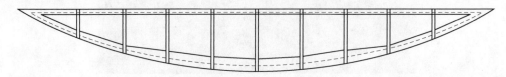

图 5.21　上海大剧院横向月牙形屋架

3. 波恩贝多芬音乐厅

位于德国波恩的贝多芬音乐厅，其建筑平面呈曲线形，由于声学上的要求，内部空间有较大起伏。这样使得屋盖钢桁架的跨度不统一，如图 5.22 所示。从图中看出，贝多芬音乐厅不仅屋盖钢屋架的跨度不统一，而且支座标高也不相等，是跨中升高呈拱形的桁架。

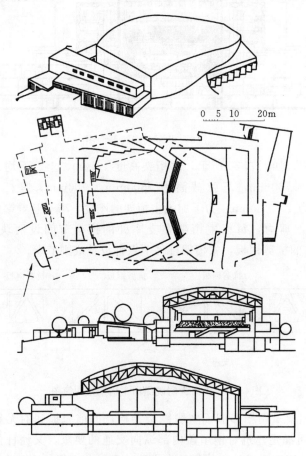

图 5.22　波恩贝多芬音乐厅

思 考 题

5.1 桁架结构的特点是什么?

5.2 桁架结构的计算假定有哪些?

5.3 屋架结构的选型原则是什么?

5.4 钢屋架有哪几种?各自的特点是什么?

5.5 钢筋混凝土屋架有哪几种?各自的特点是什么?

5.6 屋架结构布置应考虑哪些因素?

5.7 桁架的支撑有哪几种?

第6章 拱 结 构

6.1 概 述

拱是一种十分古老而现代仍在大量应用的一种结构形式。它是主要受轴向力为主的结构，这对于混凝土、砖、石等抗压强度较高的材料是十分适宜的，它可充分利用这些材料抗压强度高的特点，避免它们抗拉强度低的缺点，因而很早以前，拱就得到了广泛的应用。拱式结构最初大量应用于桥梁结构中，在混凝土材料出现后，又逐渐广泛应用于大跨度房屋建筑中。我国古代拱式结构的杰出建筑是河北省的赵州桥，如图6.1所示。赵州桥跨度为37m，建于1300多年前，为石拱桥结构，经历历次地震考验，至今保存完好。在房屋建筑中也有许多成功的实例。

图6.1 河北省赵州桥

6.2 拱结构的受力特点

6.2.1 拱结构的受力特点

拱结构比桁架结构具有更大的力学优点，因为桁架结构从整体上看毕竟还相当于一个受弯构件，而拱结构的受力状态则发生了与梁根本不同的受力改变，梁以其与外荷载垂直的直杆来抗衡外荷载，并借受弯把力传给支座，而拱借其凸向外荷载的曲杆来抗衡外荷载。

拱结构主要产生轴向压力。

按结构支承方式分类，拱可分为三铰拱、两铰拱和无铰拱3种，如图6.2所示。三铰拱为静定结构，较少采用；两铰拱和无铰拱为超静定结构，目前较为常用。

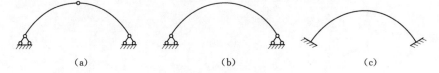

(a)　　　　　　　(b)　　　　　　　(c)

图6.2 拱的结构计算简图
(a) 三铰拱；(b) 两铰拱；(c) 无铰拱

拱结构的支座会产生水平推力，跨度大时这个力不小，要对付这个水平推力是一件麻烦而又耗费材料的事。鉴于这个缺点，在实际工程应用中，桁架结构比拱结构用得更普遍。

1. 拱的支座反力

为说明拱结构的基本受力特点，下面以较简单的三铰拱为例进行拱的受力分析，并与同跨度同样荷载作用下的简支梁进行比较。设三铰拱受竖向荷载作用，如图 6.3 所示。以整个拱结构为脱离体，在支座处分别代之以支座力反力 V_A、V_B、H_A、H_B，则

$$V_A = \frac{P_1}{l}(l-a_1) \tag{6.1}$$

$$V_B = \frac{P_1 a_1}{l} \tag{6.2}$$

由式（6.1）、式（6.2）可知，拱结构的竖向反力 V_A、H_A，与相同跨度、承受相同荷载简支梁所产生竖向反力 V'_A、V'_B 则是相同的，即

$$V_A = V'_A \tag{6.3}$$

$$V_B = V'_B \tag{6.4}$$

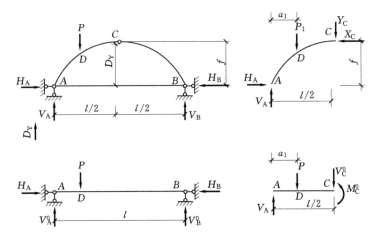

图 6.3 三铰拱支座反力的计算

再将拱的左半部分 A_C 为脱离体，在铰 C 处以相互作用 X_C、Y_C 等效，则对 C 点取矩。由 $M_C = 0$，得

$$H_A = \frac{1}{f}\left[V_A \frac{l}{2} - P_1\left(\frac{l}{2} - a_1\right)\right] \tag{6.5}$$

若以 M_C 表示简支梁的 C 截面处的弯矩，则由简支梁的分析，可得

$$M_C = V'_A \frac{l}{2} - P_1\left(\frac{l}{2} - a_1\right) \tag{6.6}$$

又因 $V_A = V'_A$，由以式（6.5）、式（6.2）可得

$$H_A = \frac{M_C^0}{f} \tag{6.7}$$

由此可知：

（1）在竖向荷载作用下，拱脚水平推力的大小等于相同跨度简支梁在相同竖向荷载作用下所产生的在相应于顶铰 C 截面上的弯矩 M_C^0 除以拱的矢高 f。

（2）当结构跨度与荷载条件一定时（M_C^0 为定值），拱脚水平推力（$H_A = H_B$）与拱的矢高 f 成反比。

2. 拱的合理轴线

当拱轴线为某一曲线时，拱轴力就能直接与外荷载平衡，把力直接传给支座，而拱截面内无弯矩和剪力产生，可见拱的内力有赖于拱轴线的合理线形。因此，拱结构受力最理想的情况是使拱身内弯矩和剪力为零，使其仅承受轴力。在沿水平方向均布的竖向荷载作用下，简支梁的弯矩图为一抛物线，因此在竖向均布荷载作用下，合理拱轴线应为一抛物线。对于不同的支座约束条件或荷载形式，其合理拱轴线的形式也是不同的。例如对于受径向均布压力作用的无铰拱或三铰拱，其合理拱轴线为圆弧形，如图 6.4 所示。

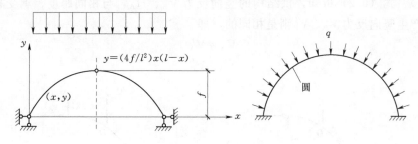

图 6.4　合理拱轴线

由以上的分析可以得知，拱截面上的弯矩小于相同条件的简支梁截面上的弯矩，拱截面上的剪力也小于相同条件下简支梁截面上的剪力，这是拱结构中以轴力为主，可以使用廉价的圬工材料，并可充分发挥这类材料的抗压承载力，这也是拱在工程中得到广泛应用的主要原因。但是拱结构中有较大的支座水平推力，这是设计中必须加以注意的。当拱脚地基反力不能有效抵抗其水平推力时，拱便成为曲梁，如图 6.5 所示。这时拱截面内将产生与梁截面相同的弯矩。

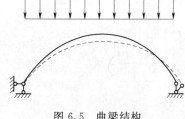

图 6.5　曲梁结构

6.2.2　拱脚水平推力的平衡

拱脚水平推力的存在是拱与梁的根本区别，为了保证拱结构可靠地工作，必须采用有效措施来实现该水平力的平衡。如果结构处理的手法得当，将可利用这一结构手段与建筑功能和艺术形象融合起来，通过对结构的袒露和艺术设计收到建筑造型优美的效果。工程中一般有以下几种平衡方式。

1. 推力直接作用在基础上

利用基础承受水平推力是既省事又简易的办法。落地拱的上部作屋盖，下部作外墙柱，拱脚落地与基础刚接。当地质条件较好或拱脚水平推力较小时，拱的水平推力可直接作用在基础上，通过基础传给地基。为了更有效地抵抗水平推力，防止基础滑移，也可将基础底面做成斜坡状，如图 6.6 所示。这是落地拱的结构特点，也是其之所以经济有效的根源，对大跨度拱尤其显著。因此，一般大跨度拱几乎全部都采用落地拱。

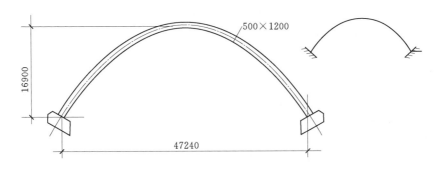

图 6.6 落地拱

2. 推力直接由拉杆承担

这是最安全可靠的方案,能确保拱在任何情况下都能正常工作。拱既可用于搁置在墙、柱上的屋盖结构,也可用于落地拱结构,如图 6.7 所示。水平拉杆所承受的拉力等于拱的推力,两端自相平衡,与外界之间没有水平向的相互作用。这种构造方式既经济合理,又安全可靠。当作为屋盖结构时,支承拱式屋盖的砖墙或柱子不承受拱的水平推力,屋架及柱子用料均较经济。该方案的缺点是拉杆影响室内空间,若设吊顶,则压低了建筑净高,浪费空间。对于落地拱结构,拉杆常做在地坪以下,这可使基础受力简单,节省材料,当地质条件较差时,其优点更为明显。水平拉杆多采用型钢(如工字钢、槽钢)或圆钢。

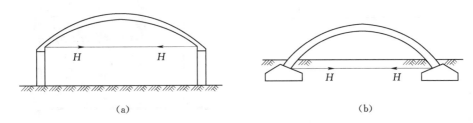

（a） （b）

图 6.7 拱脚水平推力由拉杆承担

3. 推力通过刚性水平结构传递给总拉杆

本方案的目的是尽量少设拉杆,仅在两端山墙内设总拉杆,让内拱的水平推力由位于拱脚标高处的水平结构承担,如图 6.8 所示。它需要由水平刚度很大的、位于拱脚处的天沟板或副跨屋盖结构作为刚性水平构件以传递拱的推力。内拱的水平推力首先作用在刚性

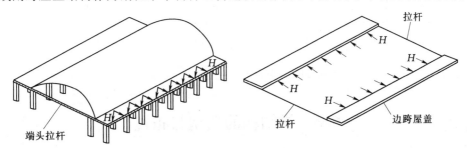

图 6.8 拱脚水平推力由山墙内的拉杆承担

49

水平构件上，通过刚性水平构件传递给设置在两端山墙内的总拉杆来平衡。这种方案的优点是立柱、墙、框架等竖向结构顶部不承受拱的水平推力，两端的总拉杆设置在房屋山墙内，建筑物内没有拉杆，可充分利用室内建筑空间，效果较好。

4. 推力由竖向结构承担

两铰拱或三铰拱常采用这种方案，拱把水平推力作用于竖向结构上。竖向结构可为斜柱墩、飞扶壁或位于两侧副跨的框架结构，分别如图 6.9～图 6.11 所示。当拱脚荷载通过框架传递至地基时，要求两侧的副跨框架必须具有足够的刚度，框架结构在拱脚水平推力作用下的侧移极小，这样才能保证上部拱屋架正常工作。同时，框架基础除受到偏心压力外，也将受到水平推力的作用。

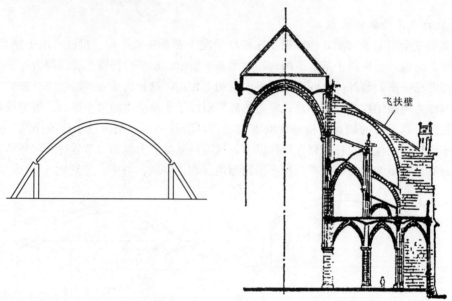

图 6.9　拱脚水平推力由斜柱墩承担　　　　图 6.10　拱脚水平推力由飞扶壁承担

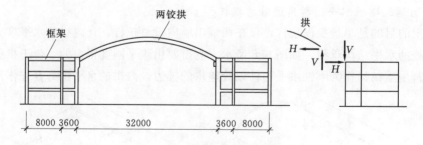

图 6.11　拱脚水平推力由侧边框架承担

6.3　拱结构的选型与布置

6.3.1　拱结构支撑方式

拱可分为无铰拱、两铰拱和三铰拱 3 种。三铰拱为静定结构，由于跨中存在着顶铰，使拱本身和屋盖结构构造复杂，因而目前较少采用。两铰拱和无铰拱均为超静定结构，两铰拱的优点是受力合理、用料经济、制作和安装比较简单，对温度变化和地基变形的适应性也较好，目前较为常用。无铰拱受力最为合理，但对支座要求较高，当地基条件较差时，一般不宜采用。

6.3.2 拱的矢高

拱的矢高应考虑建筑空间的使用、建筑造型、结构受力、屋面排水构造的要求和合理性来确定。

1. 矢高应满足建筑使用功能和建筑造型的要求

矢高决定了建筑物的体量、建筑物内部空间的大小，特别是对于散料仓库、体育馆等建筑，矢高应满足建筑使用功能上对建筑物的容积、净空、设备布置等要求。同时，矢高直接决定拱的外形。因此，矢高首先必须满足建筑造型的要求。

2. 矢高的确定应使结构受力合理

由前面对三铰拱结构受力特点的分析可知，拱脚水平推力的大小与拱的矢高成反比，当地基及基础难以平衡拱脚的水平推力时，可通过增加拱的矢高来减少拱脚水平推力，减轻地基负担，节省基础造价。但矢高大，拱身长度增大，拱身及其屋面覆盖材料的用量也将增加。

3. 矢高的确定应考虑屋面做法和排水方式

对于瓦屋面及构件自防水屋面，要求屋面坡度较大，则矢高较大。对于油毡屋面，为防止夏季高温时引起沥青流淌，坡度不能太大，相应的矢高较小。

6.3.3 拱轴线方程

从受力合理的角度出发，应选择合理的拱轴线方程，使拱身内只有轴力，没有弯矩。但合理拱轴线的形式不但与结构的支座约束条件有关，还与外荷载的形式有关。而在实际工程中，结构所承受的荷载是变化的，如风荷载可能有不同的方向，竖向活荷载可能有不同的作用位置，因此，要找出一条能适应各种荷载条件的合理拱轴线是不可能的，设计中只能根据主要的荷载组合，确定一个相对较为合理的拱轴线方程。使拱身主要承受轴力，减少弯矩。例如，对于大跨度公共建筑的屋盖结构，一般根据恒荷载来确定合理拱轴线方程，在实际工程中常采用抛物线，其方程为

$$y = \frac{4f}{l^2} x (l - x) \tag{6.8}$$

式中 f——拱的矢高；

l——拱的跨度。

当 $f < \frac{l}{4}$ 时，可以用圆弧线代替抛物线，因为这时二者的内力相差不大，而当圆拱结构分段制作时，因各段曲率一样，可方便施工。

6.3.4 拱身截面高度

拱身截面可以采用等截面也可以采用变截面。变截面一般是改变截面的高度，使截面的宽度保持不变，拱身截面的变化应根据结构的约束条件与主要荷载作用下的弯矩图一

致，弯矩大处截面高度较大，弯矩小处截面高度可小些。拱身的截面高度，可按表 6.1 取用。

表 6.1　　　　　　　　　　　　　拱身的截面高度

类　型	实　体　拱	格　构　式　拱
钢拱	$(1/50\sim1/80)\,l$	$(1/30\sim1/60)\,l$
钢筋混凝土拱	$(1/30\sim1/40)\,l$	

拱是曲线形受压或压弯构件，需要验算其受压稳定性。在拱轴线平面外的方向，可按轴心受压构件考虑。其稳定性可用屋面结构的支撑系统及檩条或大型屋面板体系来保证。在拱轴线平面内的方向，应按压弯共同作用（偏心受压）构件考虑，其稳定性可近似地按纵向弯曲压杆公式来计算。拱身的计算长度 l_0，对于钢筋混凝土拱，有

三铰拱　　　　　　　　　　$l_0=0.58S$
两铰拱　　　　　　　　　　$l_0=0.54S$
无铰拱　　　　　　　　　　$l_0=0.36S$

式中　S——拱轴线的周长。

对于钢拱，拱身整体的计算长度 l_0 的取值，可参考有关的钢结构书籍。

6.3.5　拱结构的布置

拱结构可以根据平面的需要交叉布置，构成圆形平面或其他正多边形平面，如图 6.12 所示。

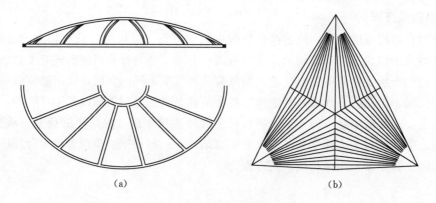

(a)　　　　　　　　　　　　　　(b)

图 6.12　交叉拱
(a) 圆形平面交叉拱；(b) 正三角形平面交叉拱

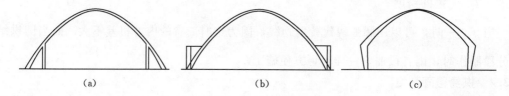

(a)　　　　　　　(b)　　　　　　　(c)

图 6.13　拱与建筑外墙的布置关系

当拱从地平面开始时，拱脚处墙体构造极不方便，同时建筑物内部空间的利用也不充分，为此可在拱脚附近外加一排直墙，把拱包在建筑物内部，如图 6.13（a）所示；也可把建筑物外墙收进一些，把拱脚暴露在建筑物的外部，如图 6.13（b）所示；还可把拱脚改为直立柱式，如图 6.13（c）所示，但这样做对结构受力并不好。

6.3.6　拱结构的支撑系统

因为拱为平面受压或压弯结构，故必须设置横向支撑并通过檩条或大型屋面板体系来保证拱在轴线平面外的受压稳定性。为了增强结构的纵向刚度，经传递作用于山墙上的风荷载，还设置纵向支撑与横向支撑形成整体，如图 6.14 所示。拱支撑系统的布置原则与单层刚架结构类似，此处不再赘述。

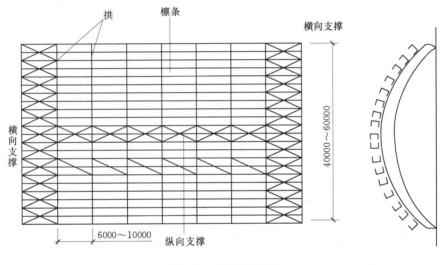

图 6.14　拱的支撑系统

6.4　工　程　实　例

1. 西安秦俑博物馆展览厅

陕西省西安秦俑博物馆展览厅采用 67m 跨度格构式箱型组合截面钢三铰拱，如图 6.15 所示。拱轴线为二次抛物线，矢高为 1/5，拱脚支于从基础斜挑 2.5m 的钢筋混凝土斜柱墩上。屋面为木基层，上盖镀锌铁皮。

2. 美国蒙哥玛利体育馆

美国蒙哥玛利体育馆平面为椭圆形，拱结构按矩形平行排列，但建筑平面为圆形，而各榀拱结构的尺寸却是一致的，因此一部分拱脚包在建筑物内，而另一部分拱脚则暴露在建筑物的外部，如图 6.16 所示。由于其外露的拱身长短不一，艺术效果超常，给人以明朗、轻巧的感觉。

3. 巴黎圣母院

法国的巴黎圣母院始建于 1163 年，整座教堂在 1345 年才全部建成，历时 180 多年。它属哥特式建筑形式，整个建筑用石头砌成，内部大厅为尖券肋形拱，并采用侧廊的外墙

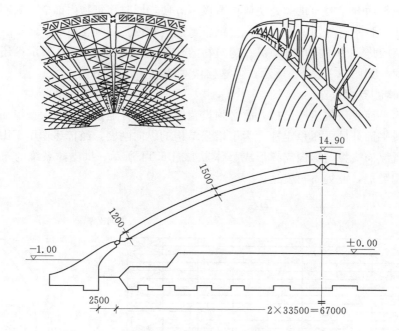

图 6.15 西安秦俑博物馆展览厅

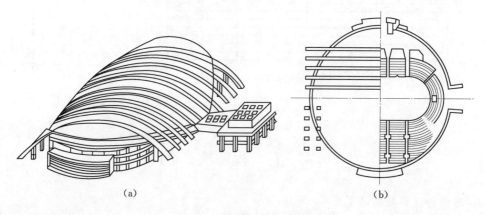

(a)   (b)

图 6.16 美国蒙哥玛利体育馆
(a) 鸟瞰图；(b) 平面图

飞扶壁以抗衡尖肋拱顶的拱脚侧推力。屋顶、塔楼、拱壁等顶端都用尖塔作装饰，拱顶轻，空间大，构件明显遵循严谨的传力路线。它突破了历史上教堂建筑外形粗笨、呆板、内部昏暗、窄小的传统模式，扩大了空间，在外观上增加了艺术装饰，使整座建筑巍峨而又纤巧，如图 6.17 所示。

4. 北京崇文门菜市场

北京崇文门菜市场中间为 32m×36m 的营业大厅，屋顶采用两铰拱结构，上铺加气混凝土板，如图 6.18 所示。大厅两侧采用框架结构，为小营业厅、仓库及其他用房。拱为装配整体式钢筋混凝土结构，拱轴线采用圆弧形，圆弧半径为 34m，选择不同的矢高会

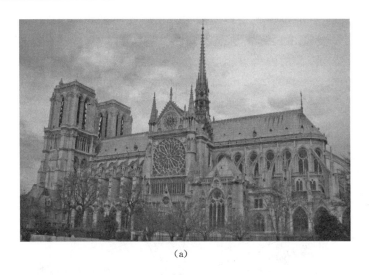

(a)

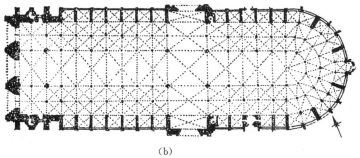

(b)

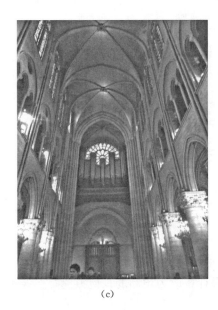

(c)

(d)

图 6.17　巴黎圣母院

（a）建筑外貌；（b）平面图；（c）室内拱券；（d）拱券飞扶壁

有不同的建筑外形，同时也影响结构的受力。当圆弧半径为 34m、矢高为 4m 时，$f/l=$ 1/8，高跨比较小，这是由建筑外形的要求决定的。矢高小，拱的推力大，拱的水平推力由两侧的框架承受，框架的内力也相应增大，拱的材料用量增加。当矢高改为 $f=l/5=$ 6.4m 时，相应的拱轴半径为 23.2m，此时拱脚水平推力可减少 60％ 左右，但建筑外形不太好，屋面根部坡度也大，对油毡防水不利。

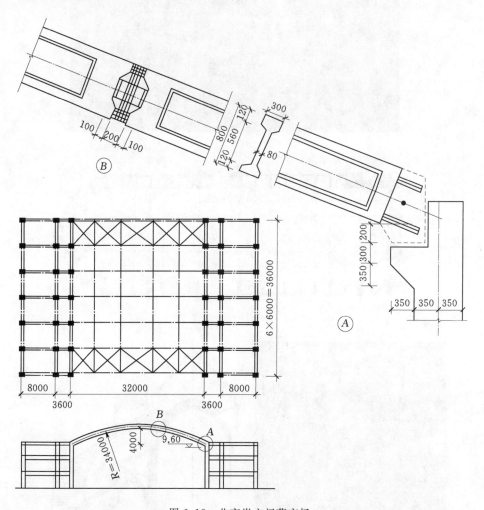

图 6.18　北京崇文门菜市场

5. 悉尼歌剧院

澳大利亚的悉尼歌剧院是国际设计竞赛中丹麦建筑师乌特松（Ut.zon）的获奖作品，由于结构选型与施工工艺两方面的失误，无法把原设计的壳体选型付之实现。悉尼歌剧院在 1959 年开工后的第 5 年，才不得不修改原设计，改为预制的预应力混凝土落地三铰拱，如图 6.19 所示。悉尼歌剧院施工长达 14 年之久，于 1973 年建成，造价 5000 万英镑，是预算 350 万英镑的 14 倍。这是艺术造型违背结构选型所造成的后果。

6. 里斯本东方火车站

位于葡萄牙里斯本的东方火车站，最初是为 1998 年世博会所需的交通转运站而设计

(a)

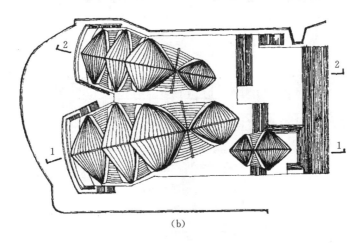

(b)

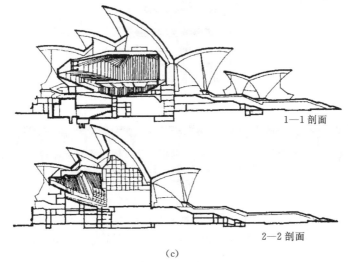

1—1 剖面

2—2 剖面

(c)

图 6.19　悉尼歌剧院
(a) 外貌；(b) 平面图；(c) 剖面图

的，但西班牙的当代建筑大师圣地亚哥·卡拉特拉瓦（Santiago Calatrava）的建筑方案并不仅仅满足任务书的需要，而是将普通客车、公共汽车、地下停车场以及城市轻轨线等整合在一起，形成了一个完善的交通枢纽，如图 6.20 所示。其顶层是火车站，地下层为地下停车场及城市轻轨，中间层为公共汽车站和商场等。

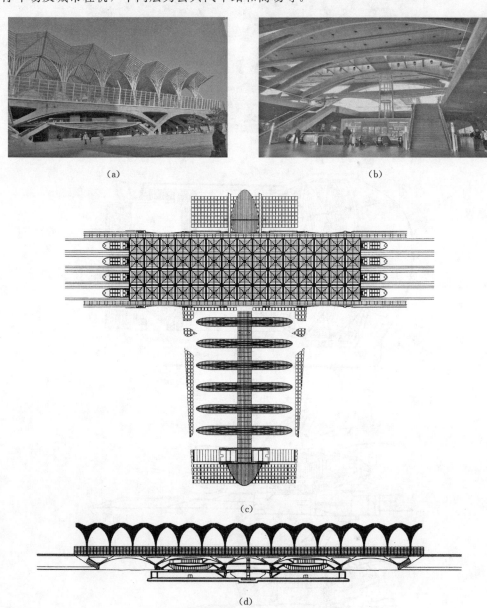

图 6.20　里斯本东方火车站

(a) 外貌；(b) 室内钢筋混凝土拱；(c) 屋顶平面图；(d) 剖面图

　　东方火车站的结构形式为不同材料、不同形式的拱式结构，火车站和汽车站的屋顶采用钢结构拱，而其他部位的屋顶则采用钢筋混凝土拱，从立面看由 5 列拱脚相交的钢筋混凝土大跨度拱支撑起火车站的站台，十分壮观。

思　考　题

6.1　拱结构的受力特点有哪些?

6.2　如何看待处理拱结构水平推力的平衡问题?

6.3　拱结构的结构形式有哪些? 它们各有何特点及其适用范围?

6.4　拱结构的结构选型应考虑哪些因素?

6.5　拱结构的布置应考虑哪些问题?

第7章　单层刚架和排架结构

7.1　概　　述

刚架结构通常是指由直线杆件（梁和柱）通过刚性节点连接起来的结构。当梁与柱之间为铰接的单层结构，一般称为排架；多层多跨的刚架结构则常称为框架。单层刚架为梁柱合一的结构，其内力小于排架结构，优点是梁柱截面高度小，造型轻巧，内部净空间较大，故被广泛应用于中小型厂房、体育馆、礼堂、食堂等中小跨度的建筑中。排架结构的优点是传力明确，构造简单，施工亦较方便，也广泛应用于各类工业厂房。但与拱相比，不论是刚架还是排架都属于以受弯为主的结构，材料强度不能充分发挥作用，这就造成了结构自重较大、用料较多、适用跨度受到限制等。

7.2　单层刚架和排架结构的受力特点

7.2.1　单层刚架和排架结构的受力特点

刚架结构的特点是柱和横梁刚接成一个构件，柱与基础通常为铰接或刚接。刚架中的杆件主要承受弯曲变形，在计算刚架位移时，可忽略轴向变形的影响，这时应根据刚架实际状态，具体分析影响其受力的各种因素。

排架结构由屋架（或屋面梁）、柱和基础组成，柱与屋架（或屋面梁）铰接，柱与基础刚接。

1. 约束条件对刚架和排架结构内力的影响

单层单跨刚架的结构计算简图，按构件的布置和约束条件可分为无铰刚架、两铰刚架、三铰刚架3种。刚架结构的受力优于排架结构，因刚架梁柱节点处为刚接，在竖向荷载作用下，由于柱对梁的约束作用而减小了梁跨中的弯矩和挠度。在水平荷载作用下，由于梁对柱子的约束作用减少了柱内的弯矩和侧向变位，因此，刚架结构的承载力和刚度都大于排架结构，如图7.1所示。

刚架结构是一个典型的平面结构，其自身平面外的刚度极小，必须布置适当的支撑。

2. 梁、柱线刚度比对刚架结构内力的影响

由结构力学可知，刚架结构在荷载作用下的内力不仅与约束条件有关，而且还与梁、柱的线刚度比有关；即梁、柱各自线刚度的大小直接影响到它本身分配到的弯矩的大小，刚度大所分配到的弯矩也大。

3. 门式刚架的高跨比对结构内力的影响

门式刚架的高度与跨度之比，决定了刚架的基本形式，也直接影响着结构的受力状态。设想有一条悬索在竖向均布荷载作用下，在平衡状态将形成一条悬垂线，即所谓的索线，这时索内有拉力，将索上下倒置，即成为拱的作用，索内的拉力也变成为拱的压

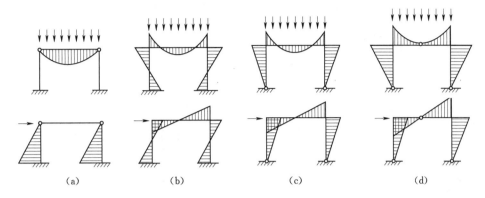

图 7.1 刚架结构与排架结构的受力比较

(a) 排架结构；(b) 无铰刚架；(c) 两铰刚架；(d) 三铰刚架

力，这条倒置的索线即为推力线。图 7.2 给出了三铰刚架和两铰刚架的推力线及其在竖向均布荷载作用下的弯矩图。由推力线的形状可以看出，刚架高度的减小将使支座处水平推力增大。

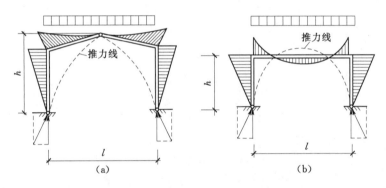

图 7.2 刚架的跨度比对内力的影响

4. 结构构造对刚架结构内力影响

在两铰刚架结构中，为了减少横梁内部的弯矩，除可在支座铰处设置水平拉杆外，还可把纵向外墙挂在刚架柱的外肢处，利用墙身产生的力矩对刚架横梁起卸载作用，如图 7.3（a）所示；也可把铰支座设在柱轴线内侧，利用支座反力与柱轴线形成的偏心矩对刚架横梁产生负弯矩，如图 7.3（b）所示，以减少刚架横梁的跨中弯矩，从而减少横梁高度。

5. 温度变化对刚架结构内力的影响

温度变化对静定结构没有影响，但在超静定结构中将产生内力。内力的大小与结构的刚度有关，刚度越大，内力越大。产生结构内力的温差主要有室内外温差的季节温差。对于有空调的建筑物，室内温度为 t_1，室外温度为 t_2，则室内外温差为 $\Delta t = t_2 - t_1$，这将使杆件两侧产生不同的热胀冷缩，从而产生内力。季节温差则是指刚架在施工时温度与使用时的温度之差。设结构在混凝土初凝时的温度为 t_1，在使用时的温度为 t_2，则在温度差 $\Delta t = t_2 - t_1$ 的作用下，也将使结构产生变形内力。

61

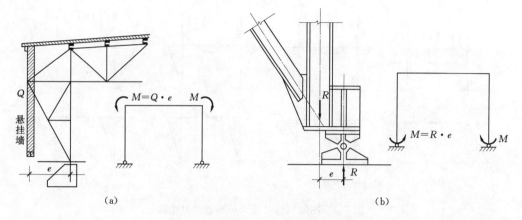

（a）　　　　　　　　　　　　　（b）

图 7.3　减小刚架横梁跨中弯矩的构造措施

6. 支座位移对刚架结构内力的影响

当产生支座位移时，门式刚架的变形与弯矩，如图 7.4 所示。

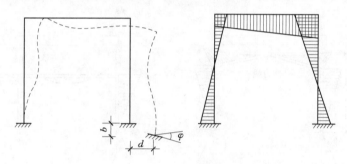

图 7.4　支座位移引起的变形图与弯矩图

7.3　单层刚架和排架结构的形式与布置

7.3.1　单层刚架结构的形式与布置

7.3.1.1　单层刚架结构的形式

单层刚架的建筑造型可以轻松活泼，形式丰富多变，如图 7.5 所示。单层刚架按材料划分，有胶合木结构、钢结构和钢筋混凝土结构刚架；按构件截面划分，可分成实腹式、空腹式、格构式、等截面与变截面刚架；按建筑形体划分，有平顶、坡顶、拱顶、单跨与多跨刚架；按施工技术划分，有预应力和非预应力刚架。

单层刚架可以根据通风、采光的需要设置天窗或通风屋脊的采光带。刚架横梁的坡度主要由屋面材料及排水要求确定。对于常见中小跨度的双坡门式刚架，其屋面材料一般多用石棉水泥坡形瓦、瓦楞铁及其他轻型瓦材，通常用的屋面坡度为 1/3。

1. 胶合木刚架

胶合木刚架结构不受原木尺寸的限制，可用短薄的板材拼接成任意合理截面形式的构件，但现在为了节约木材，使用得较少。

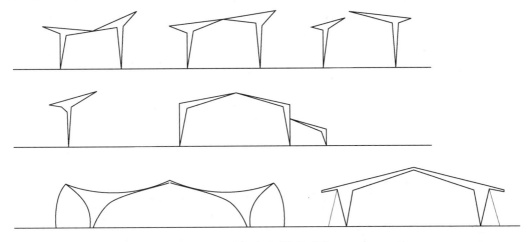

图 7.5 单层刚架的形式

2. 钢刚架

钢刚架结构可分为实腹式和格构式两种。

实腹式刚架用于跨度不太大的结构，常做成两铰刚架。结构外露，外形可以做得比较美观，制造和安装也比较方便。实腹式刚架横截面多为焊接工字钢，当两铰或三铰刚架为变截面时，主要改变截面的高度使之适应弯矩图的变化。实腹式刚架的横梁高度一般可取跨度的 1/12～1/20，当跨度大时可在支座水平面内设置拉杆，并可施加预应力，如图 7.6 所示。这时横梁高度可取跨度的 1/30～1/40。

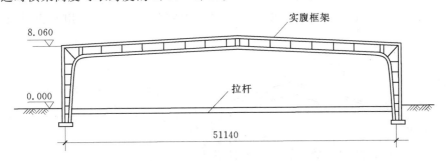

图 7.6 实腹式两铰刚架

在刚架结构的梁柱连接转角处，由于弯矩较大，且应力集中，材料处于复杂应力状态，应特别注意受压翼缘的平面外稳定和腹板的局部稳定。一般可做成圆弧过渡并设置必要的加劲肋，如图 7.7 所示。

格构式刚架结构的适用范围较大，具有刚度大、耗钢少等优点。当跨度小时可采用三铰式结构，跨度大时可采用两铰式或无铰结构，如图 7.8 所示。格构式刚架的梁高可取跨度的 1/15～1/20，为了节省

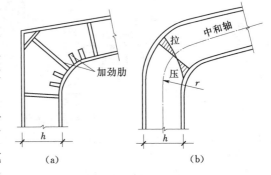

图 7.7 刚架转角处构造
(a) 加劲肋；(b) 圆弧

63

材料、增加刚度，也可施加预应力。预应力拉杆可布置在支座铰的平面内，也可布置在刚架横梁内仅对横梁施加预应力，也可对整个刚架结构施加预应力，如图 7.9 所示。

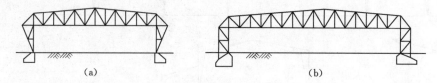

图 7.8 格构式刚架

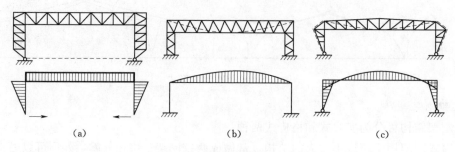

图 7.9 预应力格构式刚架

3. 钢筋混凝土刚架

钢筋混凝土刚架适用于跨度 18m 以内、檐口高度 10m 以内的无吊车或吊车起重量在 100kN 以内的建筑中，截面形式多为矩形，也可采用工字形截面，如图 7.10 所示。在构件转角处，由于弯矩较大，且应力集中，可采用加腋的形式，也可用圆弧过渡。如图 7.11 所示。

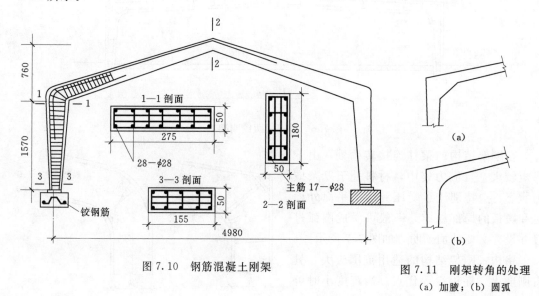

图 7.10 钢筋混凝土刚架

图 7.11 刚架转角的处理
(a) 加腋；(b) 圆弧

为了减少材料用量，减轻自重，可采用空腹刚架。空腹刚架有两种形式，一种是把杆件做成空心截面，另一种是在杆件上留洞，如图 7.12 所示。

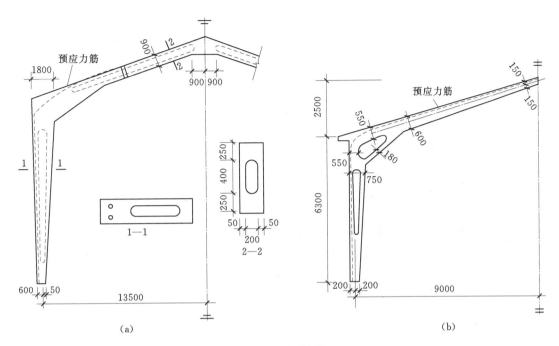

图 7.12 空腹刚架

(a) 空心截面；(b) 杆件上留洞

为了提高结构刚度，减小杆件截面尺寸，也可采用预应力混凝土刚架。即在钢筋混凝土实腹刚架或空腹刚架中布置预应力钢筋，并张拉预应力钢筋。

7.3.1.2 单层刚架结构的布置

单层刚架结构的布置十分灵活，可以平行布置、辐射布置或以其他的方式排列，形成风格多变的建筑造型，如图 7.13 所示。

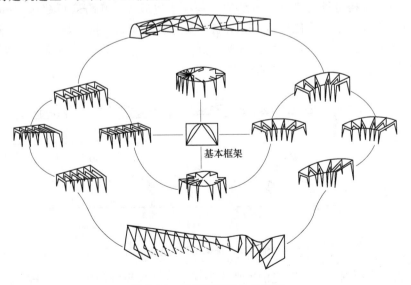

图 7.13 单层刚架结构的布置

7.3.1.3 单层刚架结构的支撑

刚架结构为平面受力体系,当多榀刚架平行布置时,结构纵向是几何可变体。因此,为保证结构的整体稳定性,应在纵向柱间布置连系梁及柱间支撑,同时在横梁的顶面设置上弦横向水平支撑。柱间支撑和横梁上弦横向水平支撑宜设置在同一开间内,如图 7.14 所示。

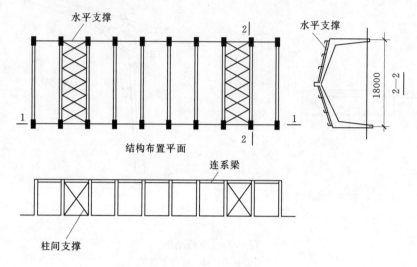

图 7.14 刚架结构的支撑

7.3.2 排架结构的形式与布置

7.3.2.1 排架结构的形式

排架结构分为有牛腿和无牛腿两种,当厂房内设有吊车时应采用带牛腿的排架结构。根据生产工艺和使用要求的不同,排架可做成等高、不等高和锯齿形等多种形式,如图 7.15 所示。排架结构是目前单层厂房结构的基本结构形式,其跨度可超过 30m,高度可达 20～30m 或更高,吊车吨位可达 150t,甚至更大。排架结构按材料划分,有砖混结构、钢结构和钢筋混凝土结构排架;按建筑型体划分,有平顶、坡顶、拱顶、单跨与多跨排架;按施工技术划分,有预应力和非预应力排架。

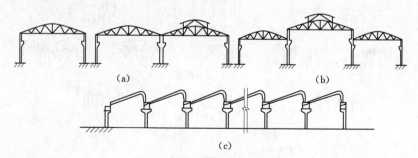

图 7.15 排架结构的形式

排架结构可以根据通风、采光的需要设置天窗或通风屋脊的采光带。排架的横梁可为屋面梁或屋架,屋面坡度主要由屋面材料及排水要求确定,屋面多为大型屋面板,当采用有檩体系时，也可为小型屋面板。

7.3.2.2 排架结构的布置

排架承重柱或承重墙的定位轴线，在平面上构成的网格，称为柱网，如图 7.16 所示（其中 M 表示基本模数，数值为 100mm）。柱网布置就是确定横向定位轴线之间的尺寸（跨度）和纵向定位轴线之间的尺寸（柱距），柱网布置既是确定柱子的位置的依据，也是确定屋面板、屋架和吊车梁等构件尺寸（跨度）的依据，并涉及结构构件的布置。

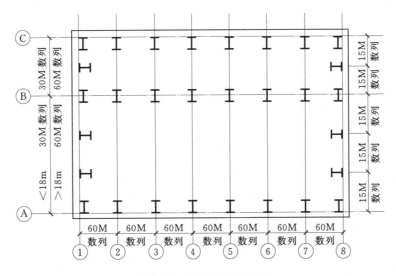

图 7.16 柱网布置示意图

柱网布置的原则一般为：符合生产和使用要求；建筑平面和结构方案要经济合理；在排架结构形式和施工方法上具有先进性和合理性。

7.3.2.3 排架结构的支撑

排架结构的支撑布置与刚架结构类似，包括屋盖支撑和柱间支撑两大类，其作用是加强排架结构的空间刚度，保证结构构件在安装和使用阶段的稳定和安全，同时起着把风荷载、吊车水平荷载或水平地震荷载等传递到相应承重构件的作用。在排架结构中，支撑虽然不是主要的承重构件，但却是联系各种主要结构构件并把它们构成整体的重要组成部分。

7.4　单层刚架结构的构造

虽然刚架结构的节点构造和连接形式多种多样，但其设计要点基本相同。设计时应本着既要使节点构造与计算简图一致，又要使制造、运输、安装方便。这里仅对几个主要连接构造进行介绍。

7.4.1　钢刚架节点的连接构造

门式实腹式刚架，一般会在梁柱交接处及跨中屋脊处设置安装拼接单元，用螺栓连接。拼接节点处，有加腋与不加腋两种。在加腋的形式中又有梯形加腋与曲线形加腋两种，通常多采用梯形加腋，如图 7.17 所示。加腋连接既可使截面的变化符合弯矩图形的要求，又便于连续螺栓的布置。

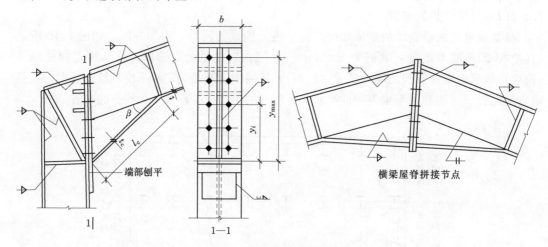

图 7.17 实腹式刚架的拼接节点

格构式刚架的安装节点，宜设置在转角节点的范围以外接近于弯矩为零处，如图 7.18（a）所示。如有可能，可在转角范围内做成实腹式并加加劲杆，如图 7.18（b）所示。

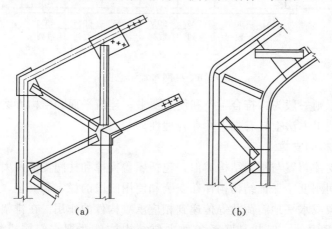

图 7.18 格构式刚架梁、柱连接构造
（a）转角节点安装构造形式；（b）转角附近节点安装构造形式

7.4.2 混凝土刚架节点的连接构造

钢筋混凝土刚架结构或预应力混凝土刚架结构一般采用预制装配式结构。刚架预制单元的划分应考虑到结构受力可靠，制造、运输、安装方便。一般可把接头设置在铰节点处或弯矩为零的部位，把整个刚架结构划分成为 L 形、F 形、Y 形拼装单元，如图 7.19 所示。刚架承受的荷载一般有恒载和活载两种。在恒载作用下弯矩零点的位置是固定的，而在活载作用下，对于各种不同的情况，弯矩零点的位置是变化的。因此，在划分结构单元时，接头位置应根据刚架在主要荷载作用下的内力图确定。

虽然接头位置选择在结构中弯矩较小的部位，仍应采用可靠的构造措施使之形成整体。连接的方式可采用螺栓连接、焊接接头、预埋式刚接头连接等，如图 7.20 所示。

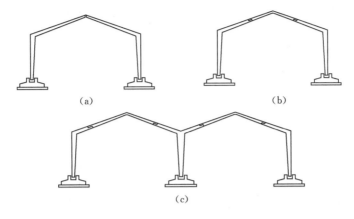

图 7.19 刚架拼接单元的划分

（a）（b）L 形单元拼装；（c）L 形单元和 Y 形单元拼装

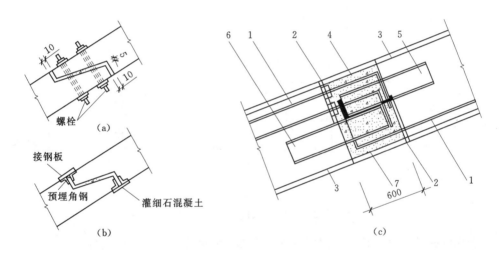

图 7.20 接头的连接方式

（a）螺栓连接；（b）焊接接头；（c）预埋式刚接头

1—无粘接筋；2—锚具；3—非预应力筋；4—非预应力筋接头处；

5—I₁30 号 I 字钢；6—I₂30 号 I 字钢；7—后浇 C50 混凝土

7.4.3 刚架铰节点的构造

刚架铰节点包括顶铰及支座铰。铰节点的构造，应满足力学中完全铰的受力要求，既要保证节点能传递竖向压力及水平推力，又不能传递弯矩。铰节点既要有足够的转动能力，又要使构造简单、施工方便。格构式刚架应把铰节点附近部分截面改为实腹式，并设置适当的加劲肋，以便可靠地传递较大的集中力。顶铰节点构造，如图 7.21 所示。

钢刚架结构支座铰的形式有多种，如图 7.22 所示。当支座反力不大时，宜设计成板式铰，当支座反力较大时，应设计成臼式铰或平衡铰。臼式铰和平衡铰的构造比较复杂，但受力性能较好。

现浇钢筋混凝土柱与基础的铰接通常是用交叉钢筋或垂直钢筋实现。柱截面在铰的位置处减少 1/2～2/3，并沿柱子及基础间的边缘放置油毛毡、麻刀所做的垫板。这种连接

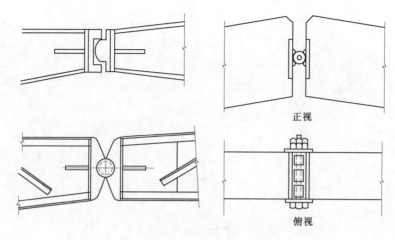

图 7.21 顶铰节点的构造

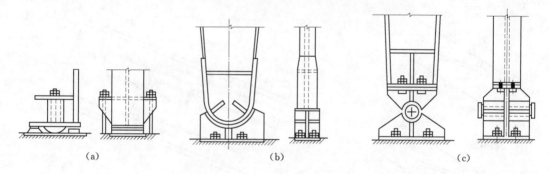

图 7.22 钢刚架结构支座铰的形式

（a）板式铰支座；（b）臼式铰支座；（c）平衡铰支座

不能完全保证柱端的自由转动，因而在支座下部断面可能出现一些嵌固弯矩。预制装配式刚架柱与基础的连接。在将预制柱插入杯口后，在预制柱与基础杯口之间用沥青麻刀嵌缝，如图 7.23 所示。

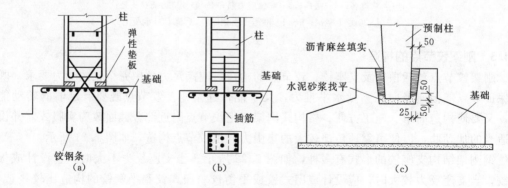

图 7.23 钢筋混凝土柱脚铰支座的形式

（a）板式铰支座；（b）臼式铰支座；（c）平衡铰支座

7.5 工 程 实 例

7.5.1 单层刚架结构的工程实例

1. 沈阳某飞机维修车间

该工程系我国沈阳某中型民航客机的维修车间。修理"伊尔-42"和"安-24"型客机。机身长 24m，翼宽 32m，尾高 8.4m，桨高 5.1m。机翼距地 3m。设计过程中曾做过 3 种结构方案比较，如图 7.24 所示。

(1) 屋架方案：机尾高 8.1m，屋架下弦不能低于 8.8m。由于建筑形式与机身的形状尺寸不相适应，使整个厂房普遍增高，室内空间不能充分利用。因此，这个方案不经济。

(2) 双曲抛物面悬索方案：这个方案的特点是：建筑形式符合机身的形状尺寸，建筑空间能够充分利用，但是，要求高强度的钢索，材料来源困难；同时对施工条件和技术的要求也较高，主要是跨度较小，采用悬索方案不经济。因此，这个方案不宜采用。

(3) 刚架结构方案：这个方案的特点是不仅建筑形式符合机身的尺寸，尾部高，两翼低，建筑空间能够充分利用，而且对材料、施工都没有特别要求。

根据本工程的具体条件，选用了刚架结构方案，结构的具体尺寸如图 7.25 所示。

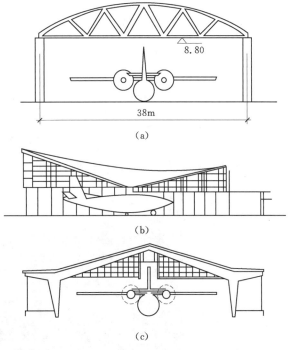

图 7.24　某中型民航客机维修车间 3 种设计方案
(a) 屋架方案；(b) 悬索方案；(c) 刚架方案

2. 北京奥运会主体育场

2008 年北京奥运会主体育场因其建筑结构及形象如同孕育生命的"巢"，常常被人们亲切地称为"鸟巢"。工程主体建筑呈空间马鞍椭圆形，南北长 333m，东西宽 294m，高 69m。工程总占地面积 21hm²，建筑面积为 25.8 万 m²，场内观众坐席约为 91000 个，其中临时坐席约 11000 个。其结构选型主要是由巨大的门式刚架组成，是世界上最大的钢结构建筑。混凝土看台分为上、中、下三层，地下 1 层看台为钢筋混凝土结构，地上 7 层为钢筋混凝土框架—剪力墙结构体系。钢结构与钢筋混凝土看台上部完全脱开，互不相连，形式上呈相互围合，基础则坐在一个相连的基础底板上。体育场屋顶钢结构上覆盖了双层膜结构，即固定于钢结构上弦之间的透明的上层 ETFE 膜和固定于钢结构下弦之下及内环侧壁的半透明的下层 PTFE 声学吊顶，如图 7.26 所示。整个建筑因其功能而创造形象，

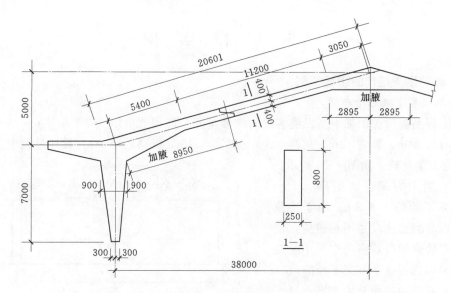

图 7.25 某中型民航客机维修车间

没有多余处理，使建筑造型与结构选型自然而完美地融合在一起。

图 7.26 北京奥运会主体育场

7.5.2 排架结构的工程实例

江苏某地区一双跨金工车间（不设天窗），厂房长度为 60m，柱距 6m，跨度分别为 18m 和 15m。18m 跨设有两台中级荷载状态桥式吊车，吊车吨位为 30t；15m 跨设有两台 10t 中级荷载状态桥式吊车。轨顶标志高度为 7.8m，天然地面标高为 −0.30m，基底标高为 −1.8m。地基土允许承载力设计值 $f = 180 kN/m^2$。屋面采用卷材防水（二毡三油防水屋面），两边的檐口采用外天沟，中间采用内天沟。

结构布置选型：本设计中的厂房长度为 60m，可不设温度伸缩缝。柱间支撑在横向轴线⑤、⑥之间。18m 跨吊车起重量大于 20t，A 列柱与纵向定位轴线的联系采用非封闭结合，联系尺寸 $D = 150mm$，B、C 列柱采用封闭结合。山墙是非承重墙。端部柱的中心线与横向定位轴线之间的距离为 600mm。厂房定位轴线图如图 7.27 所示。通过计算，给出排架屋面平面布置图和剖面布置图分别如图 7.28 和图 7.29 所示。

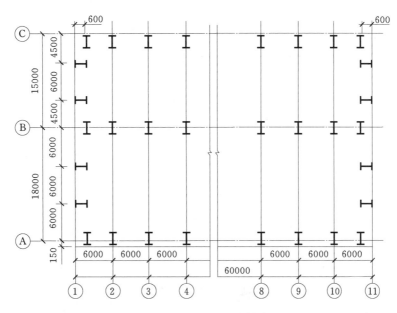

图 7.27 排架平面定位轴线图

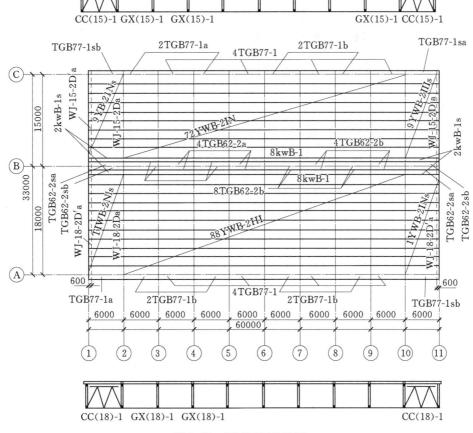

图 7.28 屋面平面布置图

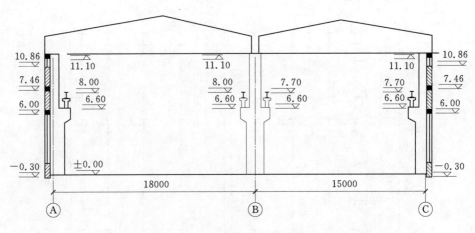

图 7.29 排架剖面布置图

思 考 题

7.1 单层刚架结构与单层排架结构的梁柱节点连接有什么不同？这对它们的内力有什么影响？

7.2 单层刚架结构主要分为哪几种类型？其各自的适用范围是什么？

7.3 单层刚架结构有哪几种布置形式？

7.4 排架结构中柱间支撑的主要作用是什么？

第8章 平板网架结构

空间网架是通过节点连接组成一种网状的三维杆系结构，它具有三向受力的性能，各杆件之间相互支撑，具有较好的空间整体性，是一种高次超静定的空间结构。在节点荷载作用下，各杆件主要承受轴力，因而能够充分发挥材料的强度，结构的技术经济指标也较好。

空间网架结构的外形为平板状，则称为平板网架结构。

8.1 概　　述

平板网架结构平面布置灵活，空间造型美观，能适应不同跨度、不同平面形式、不同支承条件、不同功能需要的建筑物，被广泛应用于各类建筑中。

平板网架结构具有以下优点：

（1）平板网架为三向受力的空间结构，比平面结构（如平面桁架结构）自重轻、节省钢材。

（2）平板网架结构整体刚度大、稳定性好、安全储备高，能有效地承受各种非对称荷载，集中荷载、动荷载的作用；施工时不同步提升和地基不均匀沉降等有较强的适应能力，并有良好的抗震整体性；通过适当的连接构造，还能承受悬挂吊车及由于柱上吊车引起的水平纵横向的刹车力作用。

（3）平板网架是一种无水平推力或拉力的空间结构，一般简支支承在支座上，这能使边支座大为简化，也便于下部承重结构的布置，构造简单，节省材料。

（4）平板网架结构应用范围广泛，平面布置灵活，适于各种跨度的工业建筑，如体育建筑、公共建筑等，平面上不论是方形、矩形、多边形、圆形、扇形等都能进行合理的布置。特别是在大、中跨度的层盖结构中网架结构更显示出其优越性。

（5）平板网架结构易于实现制作安装的工厂化、标准化，若采用螺栓连接，网架的杆和节点都可以在工厂生产，符合大工业生产发展的需要，现场方便拼装，技术简单，工作量小，且网架可拆、可装，便于建筑物的扩建改造或移动搬迁。

（6）平板网架结构节点多，布置均匀，占用的空间小，可利用网架上下弦之间的空间布置各种设备及管道等，能更有效地利用空间，使用起来方便、经济合理。

（7）网架的建筑造型新颖、美观、大方，因而为建筑师和业主所乐于采用。

8.2 网架结构的体系及形式

网架结构一般为双层的，有时也是三层的，按照杆件的布置规律及网格的格构原理划分，网架结构可分为交叉桁架体系和角锥体系两类。

8.2.1 交叉桁架体系网架

交叉桁架体系网是由一榀榀平面桁架相互交叉组合而成。网架中每榀桁架的上下弦杆及腹杆位于同一垂直平面内，整个网架可由两向或三向的平面桁架交叉而成，因此交叉桁架体系网架的形式有下列 5 种。

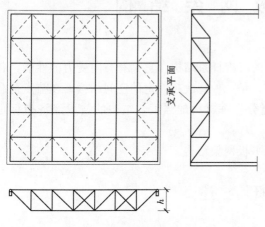

图 8.1 两向正交正放网架

1. 两向正交正放网架

这种网架由两个方向的平面桁架交叉而成，其交角为 90°，故称之为正交。两个方向的桁架分别平行于建筑平面的边线，因而又称为正放。这种网架图形节点简单，施工方便，如图 8.1 所示。

2. 两向正交斜放网架

这种网架也是由两组相互交叉成 90° 的平面桁架组成，但每榀桁架与建筑平面边线的夹角为 45°，故称之为两向正交斜放网架，如图 8.2 所示。

两向正交斜放网架中的各榀桁架长短不一，而网架常常设计成等高度的，因而四角处的桁架刚度较大，对长桁架有一定的嵌固作用，使长桁架在其端部产生负弯矩，使其跨中弯矩减小，并在网架四角隅处的支座产生上拔力，故应按拉力支座进行设计。

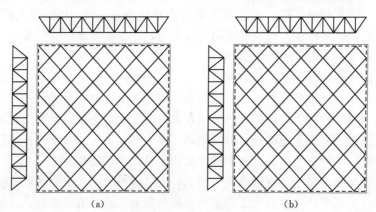

(a)　　　　　　　　　　　　(b)

图 8.2 两向正交斜放网架
(a) 有角柱；(b) 无角柱

3. 两向斜交斜放网架

由于受建筑物的使用功能或建筑立面要求的限制，有时建筑平面中两相邻边的柱距不等，因而相互交叉桁架的交角不能保证 90°，成为其他某一角度，而且两个方向的桁架与建筑平面边线也形成了一角度，这种网架称为两向斜交斜放网架，如图 8.3 所示。

4. 三向交叉网架

三向交叉网架一般是由三个方向的平面桁架相互交叉而成，其夹角互为 60°，故上下弦杆在平面中组成三角形。三向交叉网架比两向网架的空间刚度大、杆件内力均匀，故适合在大跨度工程中采用，特别适用于三角形、梯形、正六边形、多边形及圆形平面的建筑中，其造型也比两向网架美观，但三向交叉网架杆件种类多，节点构造复杂，在中小跨度中应用是不经济的，如图 8.4 所示。

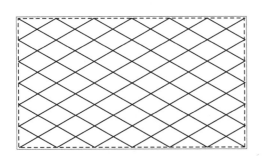

图 8.3 两向斜交斜放网架

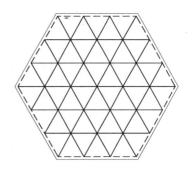

图 8.4 三向交叉网架

5. 单向折线形网架

单向折线形网—架是由一系列平面桁架相互斜交成 V 形而形成，如图 8.5 所示。也可看成是将正放四角锥网架取消了纵向的上下弦杆，仅有沿跨度方向的上下弦杆。因此，呈单向受力状态，但它比单纯的平面桁架刚度大，不需要布置支撑系统，各杆件内力均匀，对于较小跨度特别是狭长建筑平面较为适宜。为加强结构的整体刚度，一般需沿建筑平面周边增设部分上弦杆件。单向折线形网架杆件少，施工方便。

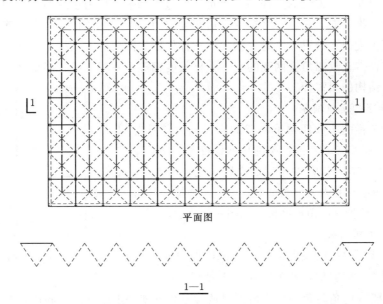

平面图

1—1

图 8.5 单向折线形网架

8.2.2 角锥体系网架

角锥体系网架是由四角锥单元、三角锥单元或六角锥单元所组成的空间网架结构，分别称为四角锥网架、三角锥网架、六角锥网架。角锥体系网架比交叉桁架刚度更大，受力性能好,若由工厂预制标准椎体单元,则堆放、运输、安装都很方便。角锥可并列布置,也可抽空跳格布置,以降低用钢量。

8.2.2.1 四角锥网架

四角锥体由四根弦杆、四根腹杆组成,如图8.6所示。将各个四角锥体按一定规律连接起来,即可组成四角锥网架,根据锥体的连接方式不同,四角锥网架有下列5种形式。

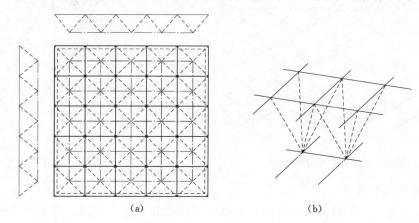

图 8.6 正放四角锥网架
(a) 网架平面;(b) 基本组成单元

1. 正放四角锥网架

四角锥底边及连接锥尖的连杆均与建筑平面边线相平,称为正放四角锥网架。正放四角锥网架一般将锥尖向下布置,将锥的底边相连成为网架的上弦杆,锥尖的连杆为网架的下弦杆,也可锥尖向上布置,这时由锥尖的连杆作用为网架的上弦杆,由锥的底边相连成为网架的下弦杆。正放四角锥网架的上下弦杆长度相等,并相互错开半个网格,锥体的棱角杆件为网架结构的斜腹杆。

2. 正放抽空四角锥网架

并列满格布置的正放四角锥网架的刚度较大,但由于杆件数量多,当跨度较小时网架的用钢量较大。为了降低用钢量,简化结构,以及便于屋面设置采光通风天窗,根据网架的支承条件和内力分布情况,可适当抽掉一些四角锥体,成为正放抽空四角锥网架,如图8.7所示。

3. 斜放四角锥网架

斜放四角锥网架由锥尖向下的四角锥体所组成。与正放四角锥网架不同的是,各个锥体不再是锥底的边与

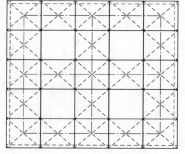

图 8.7 正放抽空四角锥网架

边相连,而是锥底的角与角相接。所谓斜放,是指网架的上弦(即锥底边)与建筑平面边线成45°角,而连接各锥顶得下弦杆则仍平行于建筑边线,如图8.8所示。由于网架受压的上弦杆长度小于受拉的下弦杆,从钢杆件受力性能来看,这种布置方式比正放四角锥网架更为合理,而且每个节点汇交的杆件数量也较少,因此用钢量较少。其缺点是屋面板种类较多,屋面排水坡的形成也较困难,因而给屋面构造设计带来了一定的不便,同时,当

为点支承时，要在周边布置封闭的边桁架来保证网架的稳定性。

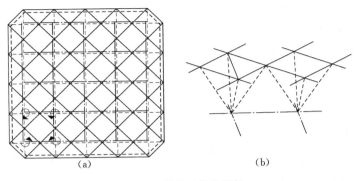

图 8.8　斜放四角锥网架

（a）网架平面；（b）基本组成单元

4. 棋盘形四角锥网架

棋盘形四角锥网架由于其形状与国际象棋的棋盘相似而得名，它是将斜放四角锥网架水平转动 45°角而成。四角锥体的连接方式不变，如图 8.9 所示，它使网架的上弦杆与建筑平面的边线相平行，下弦杆与建筑平面边线成 45°交角，从而克服了斜放四角锥网架屋面种类多、屋面排水坡形成困难的缺点。

5. 星形四角锥网架

星形四角锥网架的网格单元的形式就如同一个星体，形体较美观，与前面所述的四角锥单元完全不同，它可以看成由两个倒置的三角

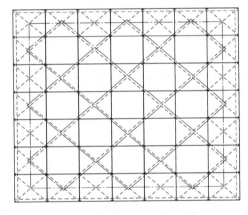

图 8.9　棋盘形四角锥网架

形小桁架正交形成，在交点处共用一根竖杆。将各星形四角锥单元的上弦连接起来即为网架的上弦，将各星形四角锥的锥尖相连即为网架的下弦，如图 8.10 所示。星形四角锥网

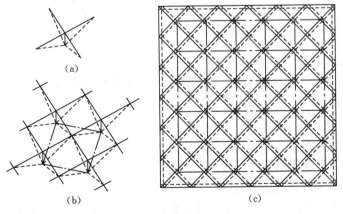

（a）

（b）　　　（c）

图 8.10　星形四角锥网架

（a）星形单元；（b）杆件连接空间图；（c）网架平面

架的上弦杆短，下弦杆长，受力合理，竖杆受压，其内力等于上弦节点荷载，这种形式一般适用于中小跨度且为周边支承的屋盖。

8.2.2.2　三角锥网架

由倒置的三角锥体为基本单元所组成的网架称为三角锥网架。三角锥体底面呈正三角形，锥顶向下，顶点位于正三角形底面的重心线上。由底面正三角形的三个角向锥顶连接三根腹杆即构成一个三角锥单元体，如图 8.11 所示。三角锥体的底边形成网架的上弦平面，连接三角锥顶点的杆件，便形成网架的下弦平面。三角锥体网架上、下弦杆构成的平面网格均为正三角形或正六边形图案。

三角锥网架的刚度较好，适用于大跨度工程，特别适用于梯形、六边形和圆形建筑平面的工程。根据锥体单元布置和连接方式的不同，常见的三角锥体网架有下列 3 种形式。

1. 三角锥网架

三角锥网架是由倒置的三角锥排列而成，其上下弦杆形成的网格图案为正三角形，如图 8.12 所示。三角锥体的连接方式是锥体的角与角相连，三角锥网架受力比较均匀，整体刚度较好，一般适用于大中跨度及重屋盖的建筑物。如果网架的高度 $h = s\sqrt{2/3}$（s 为弦杆长度），则网架的全部杆件均为等长杆，因此杆件便于加工安装。

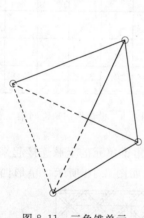

图 8.11　三角锥单元

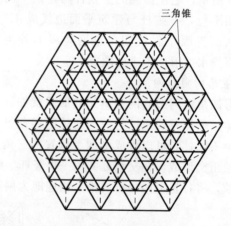

图 8.12　三角锥网架

2. 抽空三角锥网架

抽空三角锥网架是在三角锥网架的基础上，有规律地抽掉部分锥体而成。这种网架的上弦杆仍呈正三角形，下弦杆组成的图形，则因抽锥方式的不同而呈三角形、六边形等多种图案，如图 8.13 所示。

抽空三角锥网架的杆件数与节点数都比三角锥网架少，所以用钢量也较少，但其刚度较差，因此适用于屋盖荷载较轻、跨度较小的工程。

3. 蜂窝形三角锥网架

蜂窝形三角锥网架因其排列图案与蜂巢相似而得名。它是由倒置的三角锥底面的角与角相接而形成的，故上弦杆组成的图案呈三角形和六边形，下弦杆的几何图案呈六边形，而且下弦杆与腹杆位于同一垂直平面内，如图 8.14 所示。每个节点均有 6 根杆件交汇，

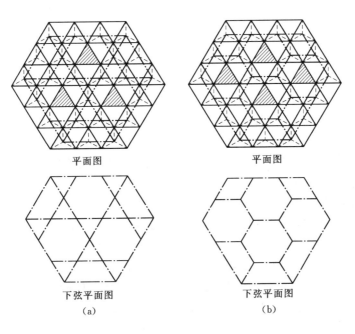

图 8.13 抽空三角锥网架
(a) 抽空三角锥 I 型；(b) 抽空三角锥 II 型

是几种网架中节点汇集杆件最少的一种。蜂窝形三角锥网架上弦杆短，下弦杆长，节点和杆件数量较少，适用于较轻的中小跨度的屋盖。

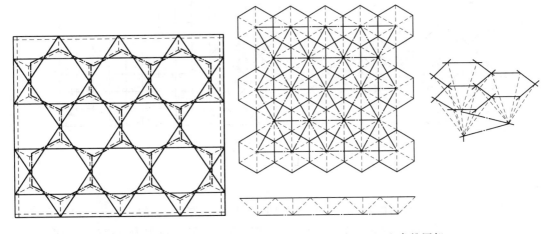

图 8.14 蜂窝形三角锥网架   图 8.15 六角锥网架

8.2.2.3 六角锥网架

六角锥网架由六角锥单元所组成，如图 8.15 所示。当锥尖向下时，上弦为正六边形网格；下弦为正三角形网格；反之，当锥尖向上时，上弦为正三角形网格，下弦为正六边形网格。六角锥网架杆件较多，节点构造复杂，在实际工程中较少采用。

8.3　网架结构的支承

网架结构作为大跨度建筑的屋盖，其支承方式首先应满足建筑平面布置及使用功能的要求。网架结构具有较大的空间刚度，对支承构件的刚度和稳定性较为敏感。从力学角度看，网架结构的支承可分为刚性支承和弹性支承两类，前者是指在荷载作用下没有竖向位移，一般适用于网架直接搁置在柱上、墙上，或具有较大刚度的钢筋混凝土梁上；后者一般是指三边支承网架中的自由边设反置梁支承、桁架支承、拉索支承等情况，本节仅讨论满足刚性支承的网架结构布置。

8.3.1　周边支承网架

这种网架的所有周边节点均设计成支座节点，搁置在下部的支承结构上，如图 8.16 所示。图 8.16（a）为网架支承在周边柱子上，每个支座节点下对应地设一个边柱，传力直接，受力均匀，适用于大跨度及中等跨度的网架。图 8.16（b）为网架支承在柱顶的梁上，柱子间距比较灵活，网格的分割不受柱距限制，网架受力也较均匀，便于建筑平面和立面的灵活变化。图 8.16（c）为砖墙承重的方案，网架支承在承重墙顶部的圈梁上，比较经济，适用于中小跨度的网架。

周边支承的网架结构应用最为广泛，其优点是受力均匀，空间刚度大，可以不设置边桁架，因此用钢量较少，我国目前已建成的网架多数采用这种支承方式。

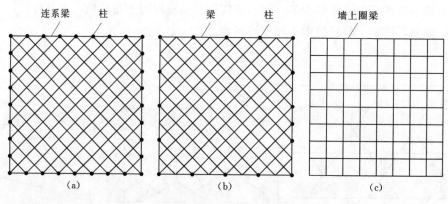

图 8.16　周边支承

8.3.2　三边支承网架

因生产的需要必须设计敞开的大门和通道时，或者因建筑功能的要求某一边不宜布置承重构件时，四边形网架只有三个边上可设置支座节点，另一边则为自由边，如图 8.17 所示。它在装配修理车间、飞机库、影剧院观众厅及有扩建可能的建筑物中常被采用，对于四边支承但由于平面尺寸较长而设有变形缝的厂房屋盖，亦常为三边支承或两对边支承。

三边支承网架的自由边可设支撑系统或不设支撑系统。设支撑系统也称为加反梁，如在自由边设托梁或边桁架，或在其开口边局部增加网格层数，以增强开口边的刚度，如图 8.18 所示。如不设支撑系统，可将整个网架的高度适当加大，或将开口边局部杆件的截面加大，使网架的整体刚度得到改善；或在开口边悬挑部分网架以平衡分内力。分析结果表明，对于中小跨度的网架，设与不设支撑系统所得用钢的量及挠度都差不多。当跨度较大时，则宜在开口边加反梁，设计时应注意在开口边形成边桁架以加强反梁的整体性，并改善网架的受力性能。

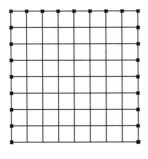

图 8.17 三边支承网架

图 8.18 三边支承网架自由边加反梁

8.3.3 两对边支承网架

四边形的网架只有其相对两边上的节点设计成支座节点，其余两边为自由边，如图8.19 所示。这种网架支承方式应用极少。但如将平行于支座边的上下弦杆去掉，可形成单向网架（或称为折板形网架），目前在工程中也有应用。

8.3.4 点支承网架

点支承网架的支座可布置在四个或多个支承柱上。前者为四点支承网架，后者为多点支承网架，如图 8.20 所示。支承点大多对称布置，并在周边设置悬臂端，以平衡一部分跨中弯矩，减小跨中挠度。点支承网架主要适用于体育馆、展览馆等大跨度公共建筑中，目前在收费站或加油站等小型建筑中也有应用。

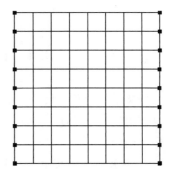

图 8.19 两对边支承网架

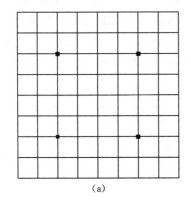

(a)

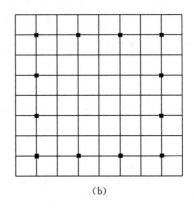

(b)

图 8.20 点支承网架

(a) 四点支承；(b) 多点支承

8.3.5　周边支承与点支承相结合的网架

周边支承与点支承相结合的网架支承方式，如图 8.21 所示。网架安放在周边支承的基础上，并在建筑物内部增设中间支承点，这样缩短了网架的跨度，可有效减小网架杆件的内力和网架的挠度，并达到节约钢材的目的。这种支承方式适用于大柱网工业厂房、仓库、展览馆等建筑。

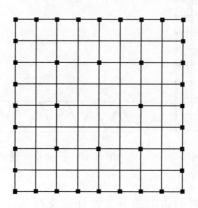

图 8.21　周边支承与点支承相结合

8.4　网架结构主要几何尺寸的确定

网架结构的几何尺寸一般是指网格的尺寸、网架的高度及腹杆的布置等。网架的几何尺寸应根据建筑功能、建筑平面形状、网架的跨度、支承布置情况、屋面材料及屋面荷载等因素确定。

1. 网架的网格尺寸

网格尺寸主要是指上弦杆网格的几何尺寸。网格尺寸的确定与网架的跨度、柱距、屋面构造和杆件材料等有关，还跟网架的结构形式有关。一般情况下，上弦网格尺寸与网架短向跨度 l_2 之间的关系见表 8.1。如条件允许，网格尺寸宜取大些，使节点总数减少一些，并使杆件截面能更有效地发挥作用，以节省用钢量。当屋面材料为钢筋混凝土板时，网格尺寸可大些；当采用角钢杆件或只有小规格的钢材时，网格尺寸应小些。

表 8.1　　　　　　　　　　　　　网架上弦网格尺寸及网架高度

网架的短向跨度（l_2）（m）	上弦网格尺寸	网架高度	网架的短向跨度（l_2）（m）	上弦网格尺寸	网架高度
＜30	$(1/6 \sim 1/12)\,l_2$	$(1/10 \sim 1/14)\,l_2$	60	$(1/12 \sim 1/20)\,l_2$	$(1/14 \sim 1/20)\,l_2$
30～60	$(1/10 \sim 1/16)\,l_2$	$(1/12 \sim 1/16)\,l_2$			

在实际设计中，往往不是先确定网格尺寸，而是先确定网格中两个方向的网格数，网格数确定后，网格尺寸自然也就确定了。

2. 网架的高度

网架的高度与网架各杆件的内力以及网架的刚度有很大关系，因而对网架的技术经济指标有很大影响。网架高度大，可以提高网架的刚度，减少上下弦杆的内力，但相应的腹杆长度增加，围护结构加高，网架的高度主要取决于网架的跨度。此外，还与荷载大小、节点形式、平面形状、支承条件及起拱等因素有关，同时也要考虑建筑功能及建筑造型的要求。网架高度与网架短向跨度之比见表 8.1，当屋面荷载较大或有悬挂吊车时，网架高度可取高一些，如采用螺栓球节点，则希望网架高一些，使弦杆内力相对小一些；当为点支承时，支承点外的悬挑产生的负弯矩可以平衡网架中一部分正弯矩，并使跨中挠度变小，其受力和变形与周边支承有关，有柱帽的点支承网架，其高度比可取得小一些。

3. 网架的弦杆的层数

当屋盖跨度在 100m 以上时，采用普通上下弦的两层网架难以满足要求，因为这时网架的高度较大，网格较大，在很大的内力作用下杆件必然会很粗，钢球直径很大。杆件长，对于受长细比控制的压杆，钢材的高强性能难以发挥作用。同时由于网架的整体刚度较弱，变形难以满足要求，特别是对于有悬挂吊车的工业厂房，会使吊车行走困难。这时宜采用多层网架。多层网架结构的缺点是杆件和节点的数量增多，增加了施工安装的工作量，同时由于汇交于节点的杆件增多，如杆系布置不妥，往往会造成上下弦杆与腹杆的交角太小，钢球直径加大。但若对网架的局部单元抽空布置，加大中层弦杆间距，则增加的杆件和节点数量并不多，相反由于杆件单元变小、变轻，也给安装带来方便。

多层网架结构刚度好，内力均匀，内力峰值远小于双层网架，通常要下降 25％～40％，适用于大跨度及复杂荷载的情况，多层网架网格小、杆件短、钢材的高强性能可以得到充分发挥，另外，由于杆件较细，钢球直径减小，故多层网架用钢量少，一般认为，当网架跨度大于 50m 时，三层网架的用钢量比两层网架小，且跨度越大，上述优点就越明显。因此，在大的跨度网架结构中，多层网架得到了广泛的应用，如英国空间结构中心设计的波音 747 机库（平面尺寸 218m×91.44m）、美国克拉拉多展览厅（平面尺寸 205m×72m）、德国兰曼拜德机场机库（平面尺寸 92.5m×85m）等。

4. 腹杆体系

当网格尺寸及网架高度确定以后，腹杆长度及倾角也就随之而确定了，一般来讲，腹杆与上下弦平面的夹角以 45°左右为宜，对节点构造有利，倾角过大或过小都不太合理。

对于角锥体系网架，腹杆布置方式是固定的，既有受拉腹杆，也有受压腹杆，对于交叉桁架体系网架，其腹杆布置有多种方式，一般应将腹杆布置成受拉杆，这样受力比较合理，如图 8.22 所示。

当上弦网格尺寸较大、腹杆过长或上弦节间有集中荷载作用时，为减少压杆的计算

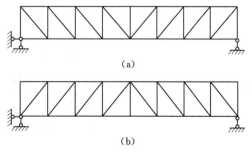

图 8.22 交叉桁架体系网架腹杆的布置
(a) 斜腹杆受拉；(b) 斜腹杆受压

长度或跨中弯矩，可采用再分式腹杆，如图 8.23 所示。设置再分式腹杆时应注意保证上弦杆在再分式腹杆平面外的稳定性，如图 8.23（a）所示的平面刚架，其再分杆只能保证桁架平面的稳定性，而在出平面方向，就要依靠檩条或另设水平支撑来保证其稳定性。再如图 8.23（b）所示的四角锥网架，在中间部分的网格，再分式腹杆可在空间相互约束，而在周围网格，靠端部再分式腹杆就起不到约束作用，需另外采取措施来保证上弦杆的稳定。

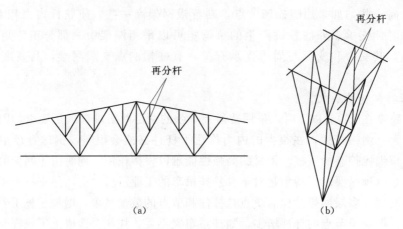

图 8.23　再分式腹杆的布置
（a）平面桁架系网架；（b）四角锥网架

5. 悬臂长度

由网架结构受力特点的分析可知，四点及多点支承的网架宜设计悬臂段，这样可减少网架的跨中弯矩，使网架杆件的内力较为均匀，悬臂段一般取跨度的 $1/4 \sim 1/3$。单跨网架宜取跨度的 $1/3$ 左右，多跨网架宜取跨度的 $1/4$ 左右，如图 8.24 所示。

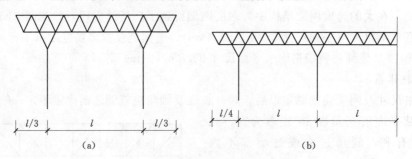

图 8.24　点支承的网架的悬臂
（a）单跨网架；（b）多跨网架

8.5　网架结构的构造

8.5.1　杆件截面选材及尺寸

网架杆件可采用普通型钢和薄壁型钢，管材可采用高频电焊钢管或无缝钢管。当有条件时应采用薄壁管形截面。杆件的截面应根据承载力计算和稳定性验算来确定。杆件截面的最小尺寸，普通型钢不宜小于$L50\times3$，钢管不宜小于$\phi48\times2$。在设计中网架杆件应尽量采用高频电焊钢管，因为它比无缝钢管造价低且管壁较薄，壁厚一般在5mm以下，而无缝钢管的壁厚多为5mm以上。网架杆件也可采用角钢。在中小跨度时，可采用双角钢截面，在大跨度时可将角钢拼成十字形、王字形或箱形。此外，也有采用方形钢管、槽钢、工字钢等截面的杆件，在上述这些截面中，圆形钢管比其他形式合理，因为它各向同性，回转半径大，对受压和受扭均有利，钢管的端部封闭后，内部不易锈蚀，表面不易积灰积水，利于防腐。

8.5.2 节点构造

平板网架节点汇交的杆件多，且呈现立体几何关系。因此，节点的形式构造对结构的受力性能、制作安装、用钢量及工程造价有较大影响，节点设计应安全可靠、构造简单、节约钢材，并使各杆件的形心线同时交汇于节点，以避免在杆件内引起附加的偏心力矩。目前网架结构中常用的节点形式有以下3种。

1. 焊接钢板节点

焊接钢板节点由十字节点板和盖板所组成，如图8.25（a）、（b）所示。有时为增强节点的强度和刚度，也可在节点中心加设一段圆钢管，将十字节点板直接焊于中心钢管，从而形成一个有中心钢管加强的焊接钢板节点，如图8.25（c）所示。这种节点形式特别适用于连接型钢杆件，可用于交叉桁架体系的网架，也可用于由四角锥体组成的网架，如图8.26所示。有时也用于钢管杆件的四角锥网架，如图8.27所示。这种节点具有刚度大、用钢量小、造价低的优点，同时构造简单，制作时不需大量机械加工，便于就地制作。其缺点是现场焊接工作量大，在连接焊缝中仰焊、立焊占有一定比例，需要采取相应的技术措施才能保证焊接质量，且难以适应建筑构件工厂化生产、商品化销售的要求。

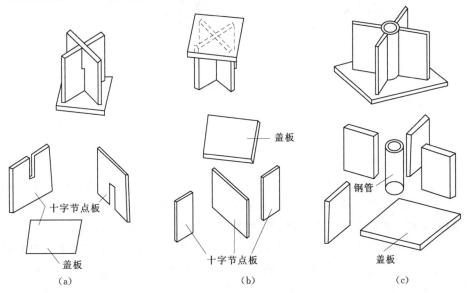

图 8.25　焊接钢板节点

（a）（b）节点板和盖板组成；（c）钢管、节点板和盖板组成

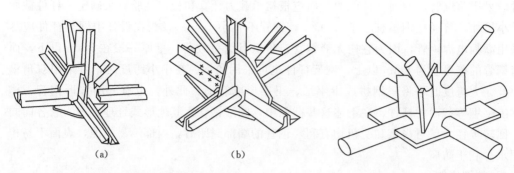

（a）　　　　　　　　（b）

图 8.26　用于型钢杆件的焊接钢板节点　　图 8.27　用于钢管杆件的焊接钢板节点

2. 焊接空心球节点

焊接空心球节点由两个半球对焊而成，分为不加肋和加肋两种，如图 8.28 所示。加肋的空心球可提高球体承载力 10%～40%。肋板厚度可取球体壁厚，肋板本身中部挖去直径的 1/3～2/3，以减轻自重并节省钢材。焊接空心球节点构造简单，受力明确，连接方便。对于圆管，只要切割面垂直于杆轴线，杆件就能在空心球上自然对中而不产生节点偏心。因此，这种节点形式特别适用于连接钢管杆件，同时，因球体无方向性，可与任意方向的杆件连接。

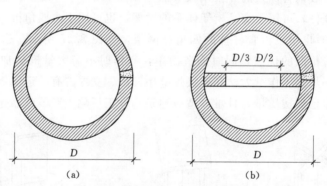

图 8.28　焊接空心球节点

（a）不加肋；（b）加肋

3. 螺栓球节点

螺栓球节点由螺栓、钢球、销子（或螺栓）、套筒和锥头（或封板）等零件组成，如图 8.29 所示。适用于连接钢管杆件，螺栓球节点适用性强、标准化程度高、安装运输方便，既可用于平板网架结构，也可用于其他空间结构，如空间桁架、网壳、塔架等。它有利于网架的标准化设计的工厂化生产，可提高生产效率，保证产品质量，甚至还可以用一种杆件和一种螺栓球组合成一个网架结构，例如正放四角锥网架，当腹杆与下弦杆件平面夹角为 45°时，所有杆件都一样长。它的运输、安装也十分方便，没有现场焊接，不会产生焊接变形和焊接应力，节点没有偏心，受力状态好。它的缺点是构造较复杂，机械加工量大。

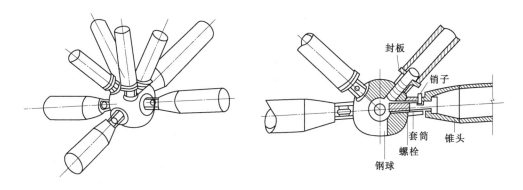

图 8.29 螺栓球节点

（a）立面图；（b）剖面图

8.5.3 支座节点形式

支座节点应采用传力可靠、连接简单的构造形式。平板网架结构的支座一般采用铰支座，支座节点的构造应该符合这一力学假定，即既能承受压力或拉力，又能允许节点处的转动力和滑动。但是，要使实际工程中的支座节点完全符合计算简图的要求，在构造上是相当困难的，为了兼顾经济合理的原则，可根据网架结构的跨度和支承方式选择不同的支座形式。根据支承反力的不同，支座又可分为压力支座和拉力支座两大类。

8.5.3.1 压力支座

压力支座的形式有平板压力支座、单面弧形压力支座、双面弧形压力支座、球铰压力支座、板式橡胶支座等。

1. 平板压力支座

平板压力支座，如图 8.30 所示。其中图 8.30（a）适用于焊接钢板节点的网架，它是将有下盖板的焊接节点直接安置于下部结构的支承面上。图 8.30（b）适用于焊接空心节点或螺栓球节点网架，它是在球节点与结构支承面之间增设了具有底板的十字节点板，平板压力支座的优点是构造简单、制作方便、用钢量省，其缺点是支座不能转动或移动，支座节点底板与下部结构支承面之间的反力分布不均匀，与计算假定相差很大，因此，它一般只适用于小跨度的网架。

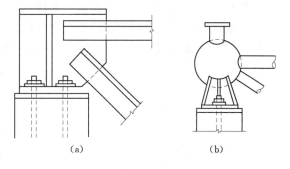

（a）　　　　　　　（b）

图 8.30 平板压力支座

2. 单面弧形压力支座

单面弧形压力支座是在平板压力支座的基础上，在支座底板与支承面顶板之间加设一呈弧形的支座垫板而成，如图 8.31 所示。它改进了平板压力支座节点不能转动的缺陷，使柱顶支承面反力分布趋于均匀。为使支座转动灵活，当采用 2 个锚栓时，可将它们置于弧形支座板的中心线上，如图 8.31（a）所示；当支座反力较大需设 4 个锚栓时，可将它们置于底板的四角，并在锚栓上部加设弹簧，以调节支座在弧面上的转动力，如图 8.31

（b）所示。单面弧形压力支座适用于中小跨度的网架。

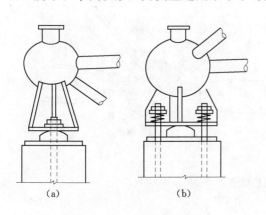

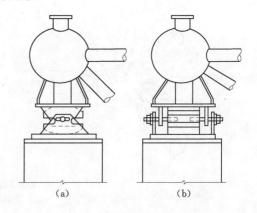

图 8.31　单面弧形压力支座
（a）2 个螺栓连接；（b）4 个螺栓连接

图 8.32　双面弧形压力支座
（a）侧视图；（b）正视图

3. 双面弧形压力支座

双面弧形压力支座又称摇摆支座，它是在支座底板与支承面顶板之间设置一块两面为弧形的铸钢块，并在其两侧从支座底板与支承面顶板上分别焊出开有椭圆形孔的梯形钢板，然后用螺栓将它们连成一体，如图 8.32 所示。双面弧形压力支座的优点是节点可沿铸钢块转动并能沿上弧面作一定侧移。其缺点是构造复杂、造价较高、只能在一个方向转动，且不利于抗震。双面弧形压力支座适用于跨度大且下部支承结构刚度较大，或温度变化较大、要求支座节点既能转动又能滑动的网架。

4. 球铰压力支座

球铰压力支座是由一个置于支承面上的凸形实心半球与一个连于节点支座底板上的凹形半球相互嵌入，并以锚栓相连而成，如图 8.33 所示。锚栓螺母下有弹簧，以适应节点的转动。这种构造与理想的不动铰支座吻合较好，它在每个方向均可自由转动而无水平位移，且有利于抗震。其缺点是构造复杂。球铰压力支座适用于四点支承及多点支承的网架。

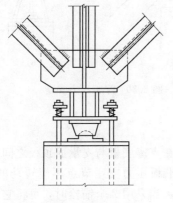

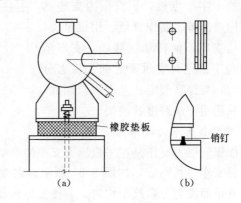

图 8.33　球铰压力支座

图 8.34　板式橡胶支座

5. 板式橡胶支座

板式橡胶支座是在平板压力支座中增设一块由多层橡胶片与薄钢片粘合、压制而成的橡胶板，并以锚栓相连，如图 8.34 所示。由于橡胶垫板具有足够的竖向刚度以承受垂直荷载，有良好的弹性以适应支座转动，并能产生一定的剪切变形以适应上部结构的水平位移，因此，它既能满足网架支座节点有转动要求，又能适应网架支座由于温度变化、地震作用所产生的水平变位，具有构造简单、安装方便、节省钢材、构造简单等优点。其缺点是橡胶易老化，节点构造需考虑以后更换可能性，且橡胶垫块必须由专业工厂生产制作。板式橡胶支座适用于具有水平位移及转动要求大的大、中跨度网架。

8.5.3.2 拉力支座

拉力支座主要有平板拉力支座和单面弧形拉力支座两种形式。其共同特点都是利用连接支座节点与下部支座结构的锚栓来传递拉力。因此，在支承结构顶部的预埋钢板应有足够的厚度，锚栓钢筋应保证有足够的锚固长度。

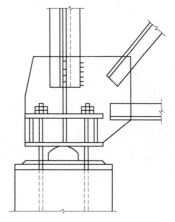

1. 平板拉力支座

平板拉力支座的构造形式与平板压力支座相似，不同之处是平板拉力支座的锚栓承受拉力。这种支座适用于跨度较小、支座拉力较小的网架。

2. 单面弧形拉力支座

单面弧形拉力支座是在单面弧形压力支座的基础上，加设适当的水平钢板和竖向加劲肋而成，其拉力也是靠受拉锚传递，如图 8.35 所示。弧形支座板可满足节点的转动要求，适用于大、中跨度的网架。

图 8.35 单面弧形拉力支座

8.5.4 柱帽

四点或多点支承的网架，其支承点处由于反力集中，杆件内力很大，给节点设计带来一定的困难。因此，柱顶处宜设置柱帽以扩散反力。柱帽形式可根据建筑功能或建筑造型的要求进行设计，如图 8.36 所示。

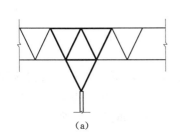 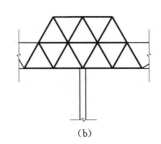 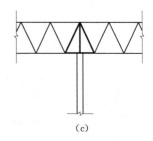

(a) (b) (c)

图 8.36 点支承的网架柱帽
(a) 弦下柱帽；(b) 弦上柱帽；(c) 倒伞形柱帽

图 8.36 (a) 将柱帽设在下弦平面之下，优点是能很快将柱顶集中反力扩散。缺点是柱帽占据了一部分室内空间。

图 8.36（b）将柱帽设置在上弦平面之上，优点是柱帽不占室内空间，柱帽上凸，可兼作采光天窗，柱帽中还可布置灯具及音响等设备。

图 8.36（c）柱帽呈倒伞形，将上弦节点直接搁置在柱帽顶上。优点是柱帽不占室内空间，屋面处理和节点构造都比较简单。

8.5.5　屋面

1. 屋面排水坡度的形式

网架屋盖的面积较大，很小的坡度也会造成较大的起坡高度。为设计与制作方便，网架结构一般不起拱，但为了形成屋面排水坡度，可采用以下几种办法，如图 8.37 所示。

图 8.37（a）上弦节点上加小立柱找坡，这种方法比较灵活，构造简单，尤其适用于空间球节点或螺栓球节点的网架。只要按设计高度把小立柱（钢管）焊接或螺栓连接在球上，即可形成双坡排水屋面。小立柱的长度根据排水坡度的要求而定。对于大跨度的网架，当小立柱高度较大时，应验算小立柱自身的受压稳定性。

图 8.37（b）网架变高度找坡，使上弦节点按排水坡的要求布置不同标高，网架下弦仍位于同一水平面内，由于在跨中网架高度增加，降低了网架上下弦内力的峰值，使网架内力趋于均匀。但变高度网架使腹杆及上弦杆种类增多，给网架的制作与安装带来不便。

图 8.37（c）整个网架起坡，网架在跨中起坡呈折状或扁壳状，起拱高度根据屋面排水坡度的要求而定。

图 8.37（d）支承柱变高度起坡，网架的上下弦仍保持平行，改变网架支承点的高度，形成屋面坡度。网架弦杆与水平面的夹角根据屋面排水坡度的要求来确定。

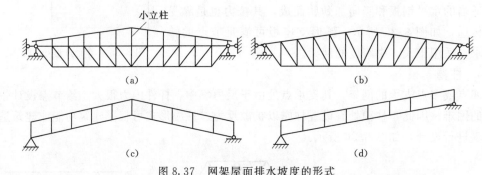

图 8.37　网架屋面排水坡度的形式
（a）小立柱找坡；（b）网架变高度找坡；（c）网架起坡；（d）支承柱变高度起坡

2. 天窗架

网架的天窗可做成锥体，局部形成三层网架，天窗杆件内力较小，截面多按构造确定。为节省材料，可省去大量锥杆，设计成平面结构，仅需局部布置支撑即可，如图 8.38 所示。对于有北向采光要求的厂房，可设计成锯齿形天窗架。如图 8.39 所示。

3. 屋面构造

网架结构的荷载主要为屋面板、保温隔热层、防水材料及网架自重，因此屋面构造对网架结构的内力和用钢量有很大影响。当采用无檩体系时，屋面通常用角点支承的钢丝水泥板、钢筋混凝土肋形板等，其缺点是自重较大。采用有檩体系，屋面则是在屋架上布置薄壁型钢檩条并在木椽上铺木板，再铺保温材料及铝铁或铁皮来防水。

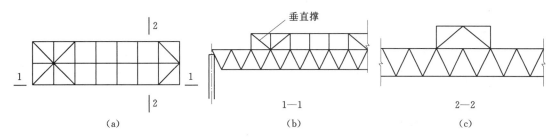

图 8.38 天窗架按平面结构布置

(a) 天窗架平面布置;(b) 天窗架纵剖面;(c) 天窗架横剖面

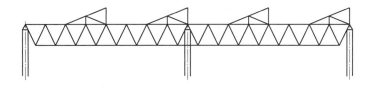

图 8.39 齿形天窗架结构布置

8.6 组 合 网 架 结 构

8.6.1 组合网架结构的发展历史

早在 20 世纪 60 年代,墨西哥工程师提出的"空间板",用于建筑的楼板,在 50mm 厚的钢筋混凝土薄板下部用钢筋组成正放四角锥的钢筋网格,而正交的钢筋上弦埋入混凝土板梁内,从而达到降低楼盖板自重和提高结构刚度的目的。此类结构形式曾用于 15 层住宅建筑的楼板,从而使楼层结构自重下降 50%,这是组合网架最早的雏形。

从 20 世纪 80 年代初期,法国米罗(Mero)公司率先研制出螺栓球节点组合网架,最早将斜放四角锥组合网架应用于较大跨度的建筑屋盖为罗马尼亚 30m×30m 的多功能体育馆。

我国最早建成的组合网架是江苏徐州夹河煤矿的两栋食堂,平面尺寸分别为 21m×54m 及 9m×18m,并为首次将蜂窝三角锥组合网架应用屋盖结构。1987 年建成的江西省抚州市体育馆屋盖,采用正放四角锥组合网架。平面尺寸 45.5m×58m,是我国最大跨度的正放四角锥组合网架。同期在河南新乡市百货楼加层改建中,用 34m×34m 斜放四角锥组合网架作楼盖结构是国内首次应用。随后,1988 年长沙纺织大厦地上 11 层均采用柱网 10m×12m、7m×12m 的正放抽空四角锥组合网架结构,1981~2000 年,我国有几十栋建筑的屋盖及楼盖结构采用各种形式的组合网架结构。

8.6.2 组合网架的构造与受力特点

1. 构造特点

钢—混凝土平板型组合网架,是由钢腹杆和钢下弦与上部钢筋混凝土梁板通过节点连接,钢网架有 10 多种组成形式,均可应用于组合网架。组合网架的特点是混凝土抗压,钢构件抗拉,所以组合网架结构适用于周边简支承条件的结构形式。

2. 受力特点

周边简支的组合网架的上弦钢筋混凝土板与肋是一个连续体，而按一定网格规律离散的腹杆和下弦网格用一定方法也等效为连续体，则组合网架在考虑两种材料 E_C、E_S 组合后同样可以等效为"考虑剪切变形的拟夹层板"，即为组合网架的力学模型，如图 8.40 所示。

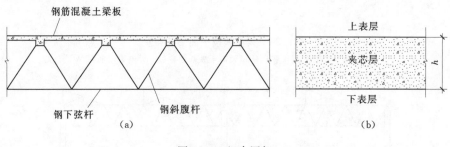

图 8.40　组合网架

（a）组合网架剖面；（b）拟夹层板剖面

8.7 工程实例

1. 某高速公路收费站

某高速公路收费站为四点支承两向正交正放的格构式钢空腹网架，柱网为 16.8m×21m，前后悬挑 3.36m，两侧悬挑 5.25m，其四个支承钢柱内部网格为 1680×1750，即 10×12＝120 个网格，外挑网格尺寸亦为 1680×1750，周边外悬挑网格共 132 个。结构刚度和强度受悬挑部分杆件控制。钢空腹网架计算高度由两侧悬挑长度（5.25m）控制，$h＝900mm$，即悬挑部分 $h/l_1=1/5.8$，内部 $h/l_2=1/18.6$，采用 $\phi 48×3$、$\phi 60×3$、$\phi 76×3$、$\phi 89×3$ 4 种钢管组成，屋面为复合板，用钢量 16.2kg/m²，2002 年 7 月建成投入运行，如图 8.41 所示。

图 8.41　某高速公路收费站

（a）收费站外景；（b）收费站钢网架结构

2. 某大型展厅工程

某大型展厅，柱网 42m×42m，周边外悬挑 6.3m，投影面积 138.6m×138.6m≈

19210m²，原设计为正放四角锥点支承网架，屋面为彩钢复合板 60mm 厚，屋面使用荷载标准值 0.5kN/m²，结构用钢量 31.5kg/m²。受甲方委托，采用新型点支承平板网架——"多点支承封闭型的斜放四角锥网架"，如图 8.42 所示。在保证刚度和强度的条件下，用钢量仅 21kg/m²，每平方米下降 10.5kg，节约钢材 201.7t，按 2002 年单价 0.85 万元/t 计（螺栓球节点），可节约人民币 171 万元。该网架当采用正放四角锥点支承网架时，$\phi60 \times 3.5$ 构造杆增多，改型后构造杆大量减少，而受力最大杆截面未变（$\phi159 \times 6$），这主要是两种网架组成后杆件总数下降 30%～35% 的原因。

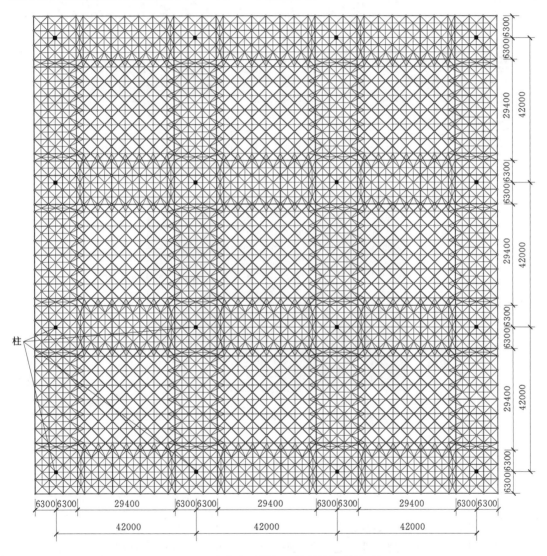

图 8.42 多点支承封闭型的斜放四角锥网架

3. 原贵州工业大学图书馆

原贵州工业大学图书馆的采光大厅，平面尺寸 15m×25m，采用正放抽空四角锥组合网架结构，结构高度 $h=900$，图 8.43（a）、（b）分别为该馆的外景和采光大厅组合网架内景，同期建成的原贵州工业大学干训部阶梯教室及食堂楼盖和屋盖结构，平面尺寸为 12.1m×15.5m，采用钢—混凝土蜂窝三角锥组合网架结构，结构高度 $h=750mm$（$L/16$），采用钢板节点、圆钢管制作。图 8.44 为蜂窝三角锥组合网架的内景。

(a)

(b)

图 8.43 原贵州工业大学图书馆的采光大厅

(a) 图书馆外景；(b) 图书馆组合网架

图 8.44 原贵州工业大学干训部阶梯教室蜂窝三角锥组合网架

思 考 题

8.1 试述网架结构的主要特点。

8.2 网架结构主要有哪些类型？它们分别适用何种情况？

8.3 网架结构常用的杆件截面有哪几种？优先选用哪种杆件截面？

8.4 网架结构常用的一般节点和支座节点有哪几种形式？

8.5 网架结构的屋面坡度一般有哪几种实现方式？

第9章 薄壳结构和折板结构

9.1 概 述

前面所介绍的梁、桁架、刚架、排架、拱结构等都属于平面受力的平面结构体系。平面结构体系都是把结构构件本身作为独立的单元来考虑，而忽略所有组成构件之间的整体作用和空间工作作用，只有空间结构体系才能够很好地解决大跨度屋盖问题，也只有它才能组成富有造型特点的屋盖形式。

1. 薄壳结构的概念

壳体是由上下两个几何曲面构成的物体。这两个曲面之间的距离称为壳体的厚度，当厚度在壳体的任何位置相同时称为等厚度壳，反之则称为变厚度壳。当厚度远小于壳体的最小曲率半径时，称为薄壳。建筑工程中所用到的壳体多为薄壳。

薄壳在自然界中十分丰富，如蛋壳、果壳、甲鱼壳、蚌壳等，它们的形态变化万千，曲线优美，且厚度之薄，用料之少，而结构之坚硬，着实让人惊叹！在日常生活中也有许多薄壳的应用，如碗、灯泡、安全帽、飞机等，它们都是以最少的材料构成特定的使用空间，并具有一定的强度和刚度，如图 9.1 所示。之所以薄壳结构在建筑工程中得以广泛的应用，是因为薄壳结构具有优越的受力性能和丰富多变的造型。

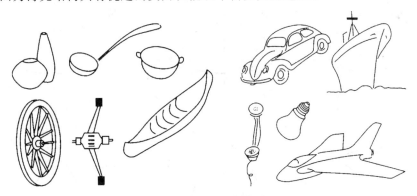

图 9.1 日常生活中薄壳的应用

薄壳结构的强度和刚度主要是利用其几何形状的合理性，而不是以增大其结构截面尺寸取得的，这是薄壳结构与拱结构相似之处。因为拱结构只有在某种确定荷载的作用下才有可能找到处于无弯矩状态的合理拱轴线，而薄壳结构由于受两个方向薄膜轴力和薄膜剪力的共同作用，可以在较大的范围内承受多种分布荷载而不致产生弯曲。薄壳结构空间整体工作性能良好，内力比较均匀，是一种强度高、刚度大、材料省、既经济又合理的结构形式，曲板的曲面可以多样化，为建筑造型的丰富多彩创造了条件，薄壳结构的缺点是：体型复杂，现浇时费工费模板，施工不便，板厚薄，隔热效果不好，壳板天棚（吊顶）的曲面容易引起室内声音发射和混响，对音响效果要求高的大会堂、影剧院等建筑采用时应

图 9.2　柱形曲面与折板

特别注意音响设计。

2. 折板结构的概念

折板结构是把许多块薄板以一定的角度连接成整体的空间结构体系。从几何形成上看，折板结构和柱形曲面没有本质上的区别，因为任意形状的柱形曲面都能足够精确地用一个内接多边形的折板来代替，如图 9.2 所示。因此，折板结构具有柱形曲面结构受力性能好的优点。同时，折板结构截面构造简单、施工方便、模板消耗量少，因而在工程中被广泛应用。

9.2　薄壳结构的分类

9.2.1　薄壳结构按曲面形式分类

薄壳结构的形式有很多，如球面壳、圆柱壳、双曲扁壳，都是由曲面变化而创造出的各种形式，其基本曲面形式有以下几种。

9.2.1.1　旋转曲面壳

由一条平面曲线作母线绕着该平面内某一给定的直线旋转一周所形成的曲面称为旋转曲面，如图 9.3 所示。以旋转曲面为中心曲面的壳体称为旋转曲面壳。由于平面曲线（动曲线）的不同，旋转壳又分为球形壳、椭球壳、抛物球壳、双曲球壳、圆柱壳、锥形壳等。

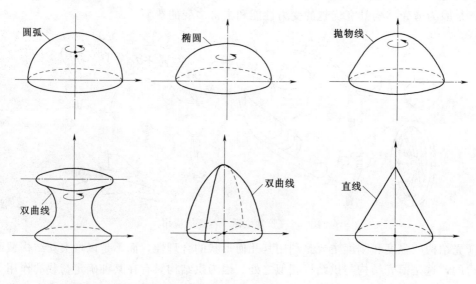

图 9.3　旋转曲面

9.2.1.2　移动曲面壳

1. 柱形曲面壳

柱形曲面是由一条直线作母线两端分别沿着两条相同且平行的曲线（导线）平行移动所形成的曲面。根据导线形状的不同，柱形曲面可分为圆柱面、椭圆柱面、抛物柱面等，如图 9.4 所示。以柱形曲面为中心曲面的壳体称为柱形曲面壳。

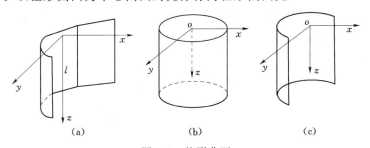

图 9.4　柱形曲面

（a）圆柱面；（b）椭圆柱面；（c）抛物柱面

2. 劈锥曲面壳

劈锥曲面是由一条直线作母线，一端沿抛物线（或圆弧），另一端沿直线与一指向平面平行移动而成的曲面，如图 9.5 所示。以劈锥曲面为中心曲面的壳体称为劈锥曲面壳。

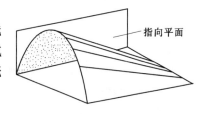

图 9.5　劈锥曲面

3. 双曲抛物面壳

双曲抛物面壳是由一条竖向曲线作母线，沿着另一条竖向曲线（导线）平行移动所形成的曲面称为平移曲面。建筑中常见的平移曲面有椭圆抛物面和双曲抛物面，所形成的壳体称为椭圆抛物面壳和双曲抛物面壳，如图 9.6 和图 9.7 所示。

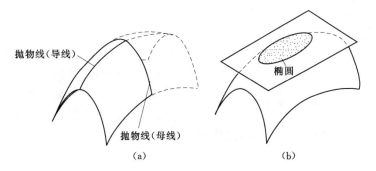

图 9.6　椭圆抛物面

（a）曲面的形成；（b）曲面与水平面的截交

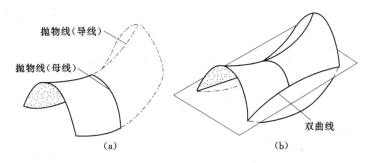

图 9.7　双曲抛物面

（a）曲面的形成；（b）曲面与水平面的截交

4. 扭曲面壳

扭曲面是由一条直线作母线，沿两根相互倾斜但又不相交的直导线平行移动所形成的直纹曲面，即直母线 *cd* 沿直导线 *ad*、*bc* 平行移动所形成，如图 9.8（a）所示。以扭曲面为中心曲面的壳体称为扭曲面壳。

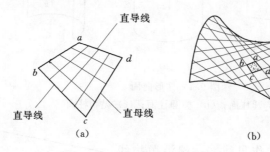

图 9.8　扭曲面

扭曲面也可以看成是双曲抛物面的一部分，因为双曲抛物面也可看成直纹曲面，从图 9.8（b）双曲抛物面中沿直纹方向截取的 *abcd* 即为直纹曲面。直纹曲面壳体的特点是施工时模板制作方便，在工程中应用较多。

5. 双曲扁壳

所谓扁壳，是指薄壳的矢高 *f* 与被其所覆盖的底面最短边 *a* 之间的比值 $f/a \leqslant 1/5$ 的壳体。从几何构图来看，扁壳曲面实际上仅仅是庞大的普通曲面上的一小块，柱面壳、球面壳、椭圆抛物面壳、双曲抛物面壳等都可做成扁壳。而双曲抛物面壳等由双曲面组成的扁壳又称为双曲扁壳，其形成方法是由一条曲线作母线，沿

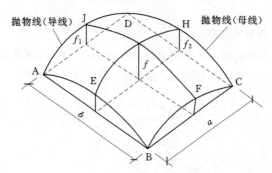

图 9.9　双曲抛物面扁壳

着两条曲线（导线）平行移动所得到的曲面，如图 9.9 所示。

9.2.1.3　复杂组合曲面

在上述基本曲面上任意切取一部分，或将基本曲面进行不同组合，便可得到各种复杂曲面，如图 9.10 所示。如由两个圆柱壳垂直相贯可组成交叉圆柱壳。

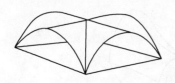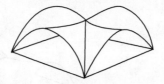

图 9.10　复杂曲面

9.2.2　薄壳结构按施工方法分类

材料和施工方法对建筑物的造价有很大的影响，有时甚至会成为建筑结构选型的决定因素。薄壳结构按施工方法主要分为以下几种。

（1）现浇混凝土壳体：其优点是整体性好。但支架与模板用量大；因壳体薄，混凝土振捣困难，不易保证其浇筑质量。

（2）预制单元、高空装配成整体壳体：把壳体划分成若干单元预制好后在工地吊装、拼合、固定。只需在接缝处搭脚手架浇筑混凝土即可，接缝模板量少且为单曲，较易制作和施工，工期较短，且施工不受季节影响。缺点是整体性（抗震）较差。

（3）地面现浇壳体或预制单元装配后整体提升：其优点是可减少高空作业量及大部分脚手架。其缺点是整体提升时，所需设备起重量较大，有时特殊部位还需钢构件临时加固。

（4）装配整体式叠合壳体：利用钢丝网水泥薄板做模板，其上浇筑钢筋混凝土现浇层，由钢丝网水泥薄板和现浇钢筋混凝土层形成整体共同工作。这样既减少了模板用量，又具有较好的整体性。如图 9.11 所示。为保证叠合面的可靠工作，一般应在垂直于接缝方向预留插筋，或在预制构件上做好结合榫。

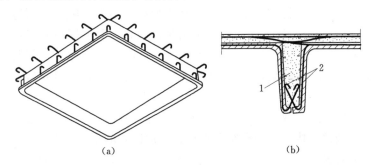

图 9.11　用钢丝网水泥薄板做模板的装配整体式叠合壳体
(a) 钢丝网水泥薄板；(b) 壳体
1—现浇混凝土；2—预留插筋

（5）采用柔模喷涂成壳：用棉麻织物（如帆布、麻袋布等）、草苇、篾席、荆竹或钢丝网等抗拉性能好的柔韧材料作模板，在其上涂沫或喷射砂浆或混凝土，待其结硬后，柔模同时成为壳体的配筋，以承受拉力。

（6）预应力壳体：预应力钢筋布置在横膈、侧边构件及与其衔接的壳板受拉区、旋转壳的支座环、拉杆、结构的支座部分，以及最大剪力作用区，如图 9.12 所示。在布置预应力钢筋的地方，结构通常需要加厚或带肋。

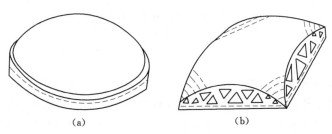

图 9.12　预应力钢筋配置图
(a) 在圆顶中；(b) 在扁壳中

101

9.3　旋转曲面薄壳结构

旋转曲面薄壳可采用球面壳、椭球面壳及旋转抛物面壳等。适用于平面为圆形的建筑，如剧院、展览馆、天文馆等屋盖，也可作为圆形水池的顶盖。旋转曲面薄壳结构穹拱式的造型及四周传力的受力特点，使它既满足了建筑功能上的要求，又具有很好的空间工作性能。壳体的覆盖跨度可以很大而其厚度却很薄，壳身内的应力通常很小，钢筋配置及壳身厚度常由构造要求及稳定验算来确定，故比较节省材料。

9.3.1　旋转曲面薄壳结构的组成及形式

旋转曲面薄壳结构由壳身、支座环、下部支承构件 3 部分组成，如图 9.13 所示。

1. 壳身结构

按壳面构造不同，旋转曲面薄壳的壳身结构可分为平滑圆顶、肋形圆顶和多面圆顶等，如图 9.14 所示。其中平滑圆顶最为常见。当建筑上由于采光要求需将圆顶表面划分为若干区格或因结构专业需要时，可采用肋形圆顶。肋形圆顶由径

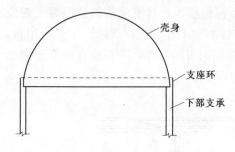

图 9.13　旋转曲面薄壳结构的组成

向及环向肋系与壳面板所组成，当圆顶跨度不大时亦可仅设径向肋。当建筑平面为正多边形时，可采用多面圆顶结构。与平滑圆顶相比，多面圆顶的支座距离较大；与肋形圆顶相比，多面圆顶可节省材料用量，且自重较轻。当有通风采光要求时，可在圆顶顶部开设圆形孔洞。

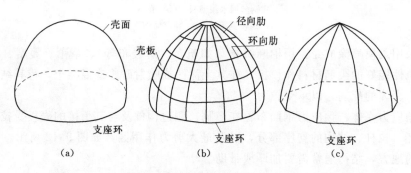

图 9.14　旋转曲面薄壳的壳身结构

(a)平滑圆顶；(b)肋形圆顶；(c)多面圆顶

2. 支座环

支座环是旋转曲面薄壳结构保持几何不变的保证，其功能与拱式结构中的拉杆一样，可有效地阻止圆顶在竖向荷载作用下的裂缝开展及破坏，保证壳体基本处于受压的工作状态，并实现结构的空间平衡。支座环如图 9.15 所示，可做成钢筋混凝土梁，或预应力混凝土梁，其拉力全部由钢筋或预应力钢筋承担。当壳身结构支承在柱上时，则支座环在承受拉力的同时，还将承受弯矩、剪力及扭矩。

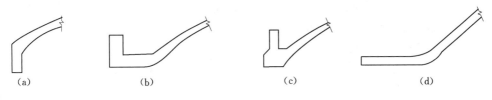

图 9.15　支座环的形式

3. 支承结构

支承结构一般有以下几种，如图 9.16 所示。

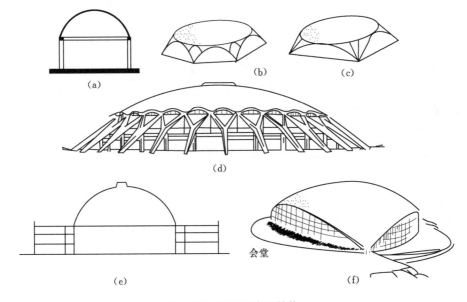

会堂

图 9.16　圆顶的支承结构

（1）图 9.16（a）为壳身结构支承在房屋的竖向承重构件上（如砖墙、钢筋混凝土柱等），这时径向推力的水平分力由支座环承担，竖向分力由竖向支承构件承担。其优点是受力明确，构造简单。但当跨度较大时，由于径向水平分力大，支座环的尺寸很大。同时支座环的表现力也不够丰富活跃。

（2）图 9.16（b）～（d）为壳身结构支承在斜柱或斜拱上。通过壳体四周沿着切线方向的直线形、Y 形或叉形斜柱，把推力传给基础或沿壳缘切线方向的单式或复式斜拱，把径向推力集中起来传给基础。在平面上，斜柱、斜拱可按正多边形布置，以便与建筑平面相协调；在立面上，斜柱、斜拱可与建筑围护及门窗重合布置，也可暴露在建筑物的外面，以取得较好的建筑立面效果。这种结构方案清新、明朗，既表现了结构的力量与作用，又极富装饰性。但倾斜的柱脚及或拱脚要受到水平推力的作用。

（3）图 9.16（e）为壳身结构支承在框架上。径向推力的水平分力先作用在框架上，再传给基础。框架内可布置附属建筑用房。

（4）图 9.16（f）为壳身结构直接落地并支承在基础上。和落地拱一样，径向推力直接传给基础。若球壳边缘全部落地，则基础同时作为受拉支座环梁。若是割球壳，只有几

103

个脚延伸入地，则基础必须能够承受水平推力，或在各基础之间设拉杆以平衡该水平力。

9.3.2　旋转曲面薄壳结构的受力特点和构造

1. 旋转曲面薄壳结构的受力特点

壳身结构在均布竖向荷载作用下，上部承受环向压力，而下部承受环向拉力。

支座环承受壳身边缘传来的推力，该推力使支座环在水平面内受拉，在竖向平面内受弯。支座环的拉力对壳身结构的作用相当于拉杆对于拱式结构的作用。支座环梁可以为普通钢筋混凝土梁，亦可为预应力混凝土梁。

2. 旋转曲面薄壳结构的构造

壳身结构的壳板厚度一般由构造要求确定，建议可取圆顶半径的 1/600，对于现浇钢筋混凝土壳板，厚度不应小于 40mm；对于装配整体式钢筋混凝土壳板，厚度不应小于 30mm。

由于支座环对壳板边缘变形的约束作用，壳板的边缘附近将会产生径向局部弯矩，设计时应将靠近边缘的壳板局部加厚，并配置双层钢筋。边缘加厚部分须做成曲线过渡。加厚范围一般不小于壳体直径的 1/12～1/10，增加的厚度应不小于壳体中间部分的厚度。

当建筑上由于通风采光等要求需在壳体顶部开设孔洞时，应在孔边设环梁加强，此环梁常称内环梁。内环梁与壳板的连接如图 9.17 所示。

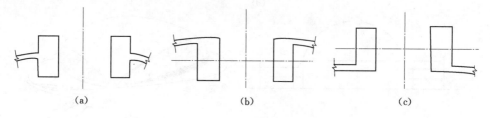

(a)　　　　　　　　　　(b)　　　　　　　　　　(c)

图 9.17　内环梁与壳板的连接

9.4　移动曲面薄壳结构

9.4.1　圆柱面壳

圆柱面壳亦称筒形壳，它是单向曲面薄壳。由于几何形状简单、制作方便，易于施工，因而在建筑中被广泛应用。

1. 圆柱面壳的结构组成

圆柱面壳由壳身、侧边构件及横隔 3 部分所组成，如图 9.18 所示。两个横隔之间的距离称为壳体的跨度，以 l_1 表示；两个侧边构件之间的距离称为壳体的波长，以 l_2 表示。

圆柱面壳的壳体横截面的边线可为圆弧形、椭圆形，或其他形状的曲线，为方便施工多采用圆弧形。壳身包括侧边构件在内的高度 h 称为壳体的高度。不包括侧边构件在内的高度 f 称为壳体的矢高。

侧边构件与壳身共同工作，整体受力。它一是作为壳体的受拉区集中布置纵向受拉钢筋，另外可提供较大的刚度，减少壳身的竖向位移及水平位移，并对壳身的内力分布产生影响。常见的侧边构件截面形式如图 9.19 所示，其中图 9.19（a）的方案最为经济。

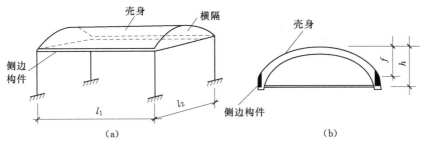

图 9.18 圆柱面壳结构的组成

横隔是圆柱面壳的横向支承，缺少它壳身的形体就要破坏，这也是筒壳结构与筒拱结构的根本区别。横隔的功能是承受壳身传来的顺剪力并将内力传到下部结构上去。常见的筒壳横隔形式如图 9.20 所示。当横向有墙时，可利用墙上的曲线形圈梁作为横隔，以节约材料。

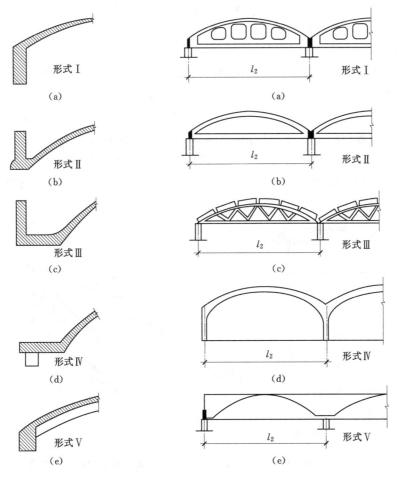

图 9.19 侧边构件截面形式　　　图 9.20 圆柱面壳横隔形式

圆柱面壳可以根据建筑平面及剖面的需要做成单波的或多波的，单跨的或多跨的。有时还可做成悬臂的，如图 9.21 所示。

105

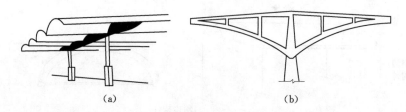

（a）　　　　　　　　　　　　（b）

图 9.21　悬臂圆柱面壳

（a）纵向悬挑；（b）横向悬挑

2. 圆柱面壳结构的受力特点

圆柱面壳结构与筒拱的外形均为筒形，极其相似，容易混淆。但两者的力学特性却完全不同，对支承结构的要求与构造处理也就不同。筒拱是单向受力的平面结构，而圆柱面壳结构是横向拱的作用与纵向梁的作用的综合，因而是双向受力的空间结构。

圆柱面壳结构中的横隔是壳身的支承构件，为了保证圆柱面壳的空间工作性能，横隔在其自身平面内应有足够的刚度。

3. 圆柱面壳的结构构造

当 $l_1/l_2 \leqslant 1/2$ 时，称为短壳。短壳的壳板矢高一般不应小于波长的 $1/8$。当 $l_1/l_2 \geqslant 3$ 时，称为长壳。长壳的截面高度建议采用跨长 l_1 的 $1/10 \sim 1/15$，其壳板的矢高不应小于波长 l_2 的 $1/8$。壳板厚度可取波长 l_2 的 $1/300 \sim 1/500$，但不能小于 50mm。

天窗孔的布置：圆柱面壳的天窗孔等孔洞建议布置在壳体的上部，如图 9.22 所示。横向洞口尺寸建议不大于 l_2 的 $1/4 \sim 1/3$；纵向洞口尺寸可不受限制，但在孔洞四周应设边梁收口并沿孔洞纵向每隔 $2 \sim 3$m 设置横撑加强。当壳体具有较大的不对称荷载时，除设置横撑外，尚需设置斜撑，以形成平面桁架系统。

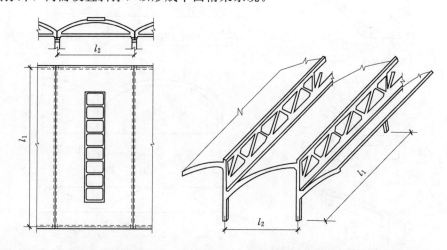

图 9.22　带有天窗孔的圆柱面壳　　图 9.23　天窗立面为桁架的锯齿形圆柱面壳

在纺织厂及某些为避免阳光直射而需设置北面采光窗的厂房中，圆柱面壳也可以倾斜布置，构成锯齿形屋盖，当跨度较大时，可在天窗立面处布置钢筋混凝土桁架来连接锯齿形屋盖较为合理。如图 9.23 所示。这时桁架的下弦即为天窗底部的侧边构件，桁架的上弦即为天窗上部的侧边构件。

9.4.2 双曲抛物面扭壳结构

双曲抛物面扭壳是由凸向相反的两条抛物线，一条沿着另一条平移而成，如图 9.24（a）所示。同时也可认为双曲抛物面扭壳是从双曲抛物面中沿直纹方向截取出来的一块壳面，如图 9.24（b）所示。因壳面下凹的方向犹如"拉索"，而上凸的方向又如同"薄拱"。当上凸方向的"薄拱"曲屈时，下凹方向的"拉索"就会进一步发挥作用，这样可避免整个屋盖结构发生失稳破坏，提高了结构的稳定性。因此，双曲抛物面扭壳的壳板可以做得很薄。同时，双曲抛物面是直纹曲面，壳板的配筋和模板制作都很简单，因此，这类屋面可节省三材，施工便利，经济技术指标较好。

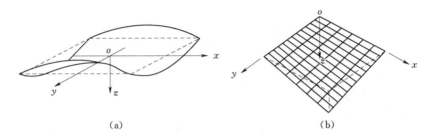

（a） （b）

图 9.24 双曲抛物面扭壳

1. 双曲抛物面扭壳结构的组成

双曲抛物面扭壳结构由壳板和边缘构件所组成。

因为扭壳对支座仅作用有顺剪力，因此，单块扭壳屋盖的边缘构件可采用较为简单的三角形桁架，组合型扭壳屋盖的边缘构件可采用拉杆人字架或等腰三角形桁架。

扭壳屋盖式样新颖，它可以以单块的形式作为屋盖，也可以多块组合形成屋盖。

2. 双曲抛物面扭壳结构的受力特点

双曲抛物面扭壳在竖向均布的荷载作用下，下凹的方向受拉，相当于索的作用，上凸的方向受压，相当于拱的作用。因此，整个扭壳也可看成是由一系列受拉索与一系列受压拱所组成的曲面组合结构。

双曲抛物面扭壳的边缘构件为轴心受拉或轴心受压构件。对于单块扭壳屋盖，为了平衡沿拱方向的支座处的水平推力，可在对角线方向设置水平拉杆，如图 9.25（a）所示；也可采用落地式扭壳屋盖，水平推力可经过边缘构件以合力 R 的形式作用于 A、C 的基础上，如图 9.25（b）所示。对于四坡屋顶，边缘构件为等腰三角形桁架。

3. 双曲抛物面扭壳结构的构造

矩形底单块扭壳屋盖底边的长边与短边之比 $a/b(a \geqslant b)$ 宜取 $1 \sim 2$ 之间。单倾单块扭壳的矢高 f 与短边 b 之比宜取 $1/2 \sim 1/4$ 之间，如图 9.26（a）所示；双倾单块扭壳的中矢高 $2f$ 与短边 b 之比宜取 $1/2 \sim 1/8$ 之间，如图 9.26（b）所示；组合型扭壳的矢高 f 与短边 $2b$ 之比宜取 $1/4 \sim 1/8$ 之间，如图 9.26（c）所示。在上述范围内，扭壳结构可近似地按扁壳理论计算。

组合型扭壳，除沿边缘区不小于 $b/10$ 的区域内应予以局部加厚外，在屋脊十字形交接缝附近的局部区域亦应逐渐加厚到 $3 \sim 4t$，t 为壳板厚度。加厚的范围需满足该处弯矩

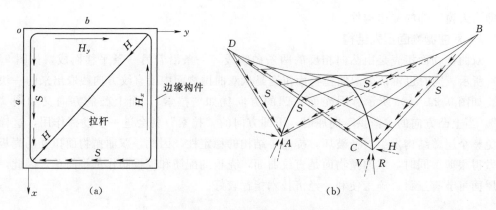

图 9.25　扭壳屋盖水平推力的平衡

（a）对角线设置水平拉杆；（b）落地扭壳水平推力的平衡

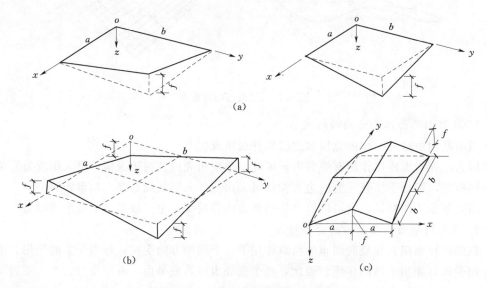

图 9.26　各种双曲抛物面扭壳形式

及内力的要求，但不小于短边边长 $2b$ 的 1/10，同时应使折线表面比较圆滑地过渡。

9.4.3　双曲扁壳

双曲扁壳因为矢高小，结构所占的空间较小，建筑造型美观，在结构分析上可以采用一些简化假定，所以得到了较广泛的应用。

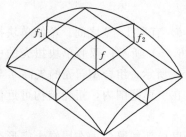

图 9.27　双曲扁壳的结构组成

1. 双曲扁壳结构的组成

双曲扁壳由壳身及周边竖直的边缘构件所组成，如图 9.27 所示。

2. 双曲扁壳结构的受力特点和结构构造

由于其扁平，可将平板理论中的某些公式直接应用到双曲扁壳结构的计算中来，使计算分析大为简化。分析结果表明，双曲扁壳在满跨均布竖向荷载作用下的内力亦以薄膜内力为主，但在壳体边缘附近要考虑曲面外弯矩的作用。

双曲扁壳的矢高与底面短边之比不能大于 1/5。但是扁壳在结构上也不能做得过于扁平，要是壳体太扁而壳身又不太薄的话，壳身边缘处的剪应力和弯曲应力均较大，扁壳向平板转化，承载能力下降，材料用量也要增加。

当双曲扁壳双向曲率不等时，较大曲率与较小曲率之比以及底面长边与短边之比均不宜超过 2。双曲扁壳允许倾斜放置，但壳体底平面的最大倾角不宜超过 10°。此时应将壳体上的荷载分成与底平面垂直和平行的两个分量。

现浇整体式双曲扁壳的边缘构件常为拱结构，应保证其端部的可靠连接以形成整体作用。

9.5 折 板 结 构

9.5.1 折板结构的组成和形式

折板结构由折板、边梁和横隔三部分组成，如图 9.28 所示。两个横隔之间的间距 l_1 称为跨度，两个边梁之间的间距 l_2 称为波长。

折板结构的形式可分为有边梁的和无边梁的两种。无边梁的折板结构是由若干等厚度的平板和横隔构件组成，如预制 V 形折板即是，平板的宽度可以相同也可以不同。折板结构在横向可以是单波的或多波的，在纵向可以是单跨的、多跨连续的，或悬挑的。有边梁的折板结构的截面形式如图 9.29 所示。

折板结构中的折板多为等厚度的薄板。现浇折板的倾角不宜大于 30°，如果坡度太大对浇筑混凝土有困难。

边梁一般为矩形截面梁，梁宽宜取折板厚度的 2～4 倍，以便于布置纵向受拉钢筋。横隔的结构形式与圆柱面

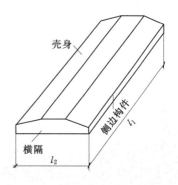

图 9.28 折板结构的组成

壳结构中横隔的形式相同。因折板结构的波长大都在 12m 以内，横隔结构的跨度较小，故工程中常采用折板下梁或三角形框架梁的形式。

根据施工方法的不同，折板结构可分成现浇整体式、预制装配式及装配整体式。它可以是预应力的，也可以是非预应力的。

9.5.2 折板结构的受力特点和构造

短折板（$l_1/l_2 \leqslant 1$）双向受力作用明显，计算分析较为复杂。在实际工程中多为长折板（$l_1/l_2 > 1$）结构，对于边梁下无中间支承且 $l_1/l_2 \geqslant 3$ 的长折板，可沿纵横两个方向分别按梁计算。

为使折板的厚度不大于 100mm，板宽不宜大于 3～3.5m，同时考虑到顶部水平段板宽一般取（0.25～0.4）l_2，因此，现浇整体式折板结构的波长 l_2 一般不应大于 10～12m。

影响折板结构形式的主要参数有倾角、高跨比、板厚与板宽之比。折板屋盖的倾角 α 越小，其刚度也越小，这就必然造成增大板厚和多配置钢筋，经济上是不合理的，因此，

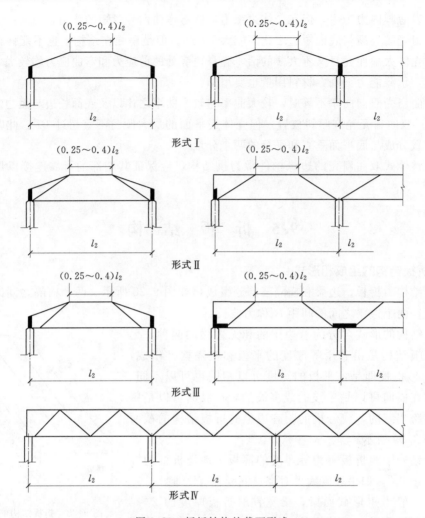

图 9.29　折板结构的截面形式

折板屋盖的倾角 α 不宜小于 $25°$。跨度越大，要求折板屋盖的矢高越大，以保证屋盖足够的刚度。长折板的矢高 f 一般不宜小于 $(1/10\sim1/15)$ l_1；短折板的矢高 f 一般不宜小于 $(1/8\sim1/10)$ l_2。板厚与板宽之比过小，折板结构容易产生平面外失稳破坏。折板的厚度 t 一般可取 $(1/40\sim1/50)$ b，且不宜小于 30mm。

9.6　工　程　实　例

9.6.1　旋转曲面薄壳结构的工程实例

1. 罗马奥林匹克小体育宫

意大利罗马奥林匹克小体育宫为钢筋混凝土网状扁球壳结构，如图 9.30 所示。球壳直径为 59.13m，葵花瓣似的网肋把球壳的水平推力传到斜柱顶，再由顺着壳底边缘切线方向倾斜的斜柱把水平推力传给基础。从建筑外部看，Y 形支承构件承上启下，波浪起伏，建筑造型明朗、欢快、优美，富有表现力。该结构采用装配整体式叠合结构。

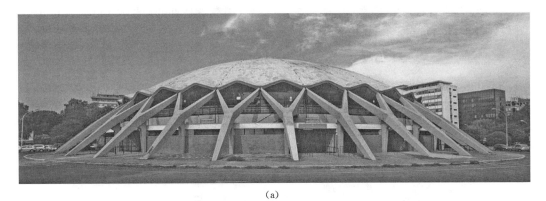

(a)

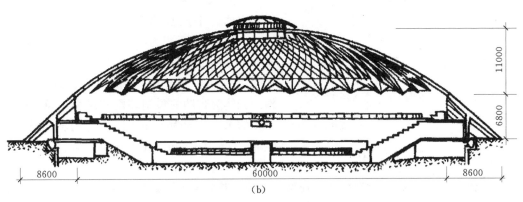

(b)

图 9.30　罗马奥林匹克小体育宫

(a) 外貌；(b) 剖面图

2. 法兰克福市霍希斯特染料厂游艺大厅

德国法兰克福市霍希斯特染料厂游艺大厅为球形建筑，如图 9.31 所示。该大厅能容纳 1000～4000 名观众，可举行音乐会、体育表演、电影放映、工厂集会等各种活动。大厅内设有舞台间、放映室和广播室等，并有庞大的管道系统进行空气调节；在地下室设有餐厅、厨房、联谊室、化妆室和盥洗室及技术设备用房。大厅屋盖采用正六边形割球壳，球壳顶部的孔洞用于排气，同时也用作烟道。该球壳结构有 6 个支承点，支承点之间的球壳边缘作成拱券形，有一个边缘桁架作为球壳切口的支承，其跨距为 43.3m。球壳的厚度

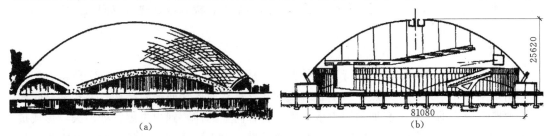

(a)　　　　　　　　　　　　　　　(b)

图 9.31　霍希斯特染料厂游艺大厅

(a) 外貌；(b) 剖面图

为130mm，壳体沿着切口边缘不断地加厚，在边缘拱券最高点处厚度增加到250mm，在支座端处厚度增加到600mm，如图9.32所示。

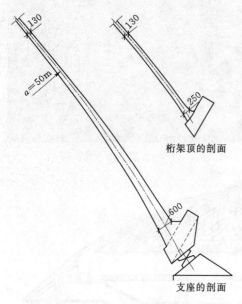

图 9.32　球壳边缘构件剖面

桁架顶的剖面

支座的剖面

3. 美国麻省理工学院克雷其音乐厅

图9.33为美国麻省理工学院克雷其音乐厅，其屋盖采用割球薄壳结构，由三个铰接支座支承，每两个支点的间距为48m。球面切成曲面三边形，因双曲面体球壳边沿具有自然刚度，只需很少的加固措施。

9.6.2　移动曲面薄壳结构的工程实例

1. 平遥县棉织厂厂房

山西省平遥县棉织厂厂房扩建工程建于1983年，建筑面积为1656m²，主厂房两侧为宽5m的平顶附房，如图9.34所示。屋盖采用柱网为36m×12m的锯齿形劈锥曲面薄壳结构。壳体为带肋的预制装配式结构。每个预制单元的水平投影为12m×1.8m，肋轴线投影间距为1.8m×1.5m。壳板中部厚40mm，沿周边1.2m宽的条带范围内逐渐加厚至160mm，与其边缘构件固接。拱架两端落在平顶附房内的双跨双层小框架上，并与之固接。壳板的侧边也与附房平屋盖刚性连接形成整体。

2. 大连海港转运仓库

建于1971年的大连海港转运仓库，其建筑平面为矩形，如图9.35所示。屋盖采用钢筋混凝土组合型双曲抛物面扭壳结构，柱距为23m×23.5m（或24m），每个扭壳平面尺寸为23m×23m，壳厚为60mm，十字脊线处加厚至200mm，四周边缘处加厚至150mm。边缘构件为"人"字形拉杆拱，壳体及边拱均为现浇钢筋混凝土结构。

3. 广州星海音乐厅

1998年建成的广州星海音乐厅，建筑面积为1.8万 m²，设有1500个座位的交响乐演奏大厅、460个座位的室内乐演奏厅、100个座位的视听欣赏教室，如图9.36所示。其屋盖采用双曲抛物面钢筋混凝土薄壳结构，室内不吊天花板，做到建筑空间与声学空间融为一体。

4. 墨西哥霍奇米尔科餐厅

位于墨西哥霍奇米尔科市霍奇米尔科餐厅，是1958年建成的，如图9.37所示。屋盖采用由八瓣鞍壳单元以"高点"为中心组成的八支点双曲抛物面鞍壳结构，两相邻鞍壳相交形成刚度极大的折谷，起加劲和支承作用；折谷向上延伸，到中央屋脊处消失，形成抗弯很弱的铰，八个折谷构成了空间稳定的八角叉拱。由于屋顶具有对称平面，又有折谷加劲，同时反向双曲壳面本身具有极大的刚度，所以鞍壳外边缘不需要加劲，可取消边缘构件，完全脱空。八瓣鞍壳一起一伏的建筑形象，不仅轻巧而且新颖。

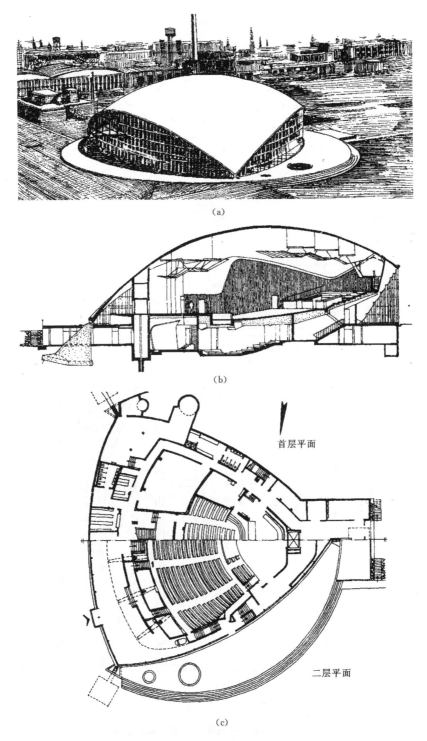

(a)

(b)

首层平面

二层平面

(c)

图 9.33　美国麻省理工学院克雷其音乐厅
(a) 外貌；(b) 剖面图；(c) 平面图

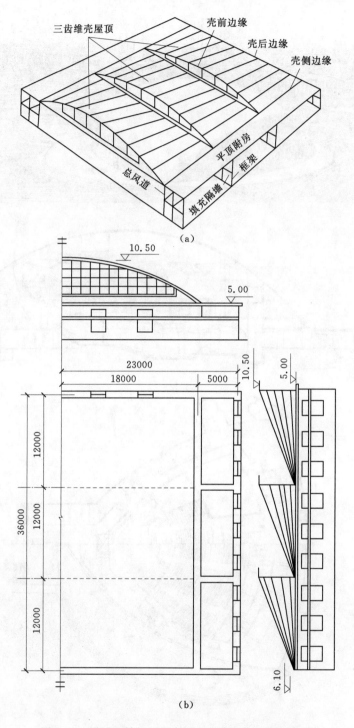

图 9.34　平遥县棉织厂厂房锯齿形劈锥曲面薄壳屋盖

（a）屋顶透视图；（b）正立面图、平面图和侧立面图

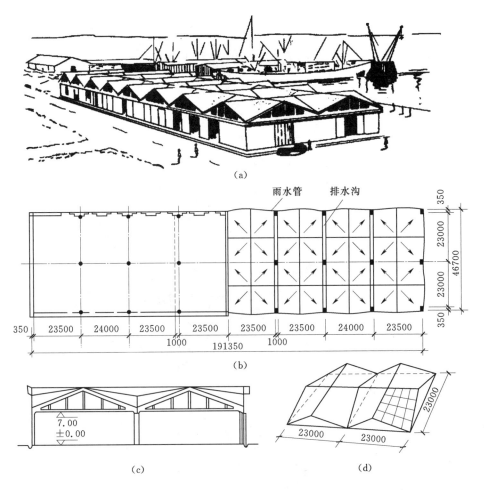

图 9.35 大连海港转运仓库
（a）外貌；（b）平面图；（c）剖面图；（d）屋盖扭壳单元

图 9.36 广州星海音乐厅外貌

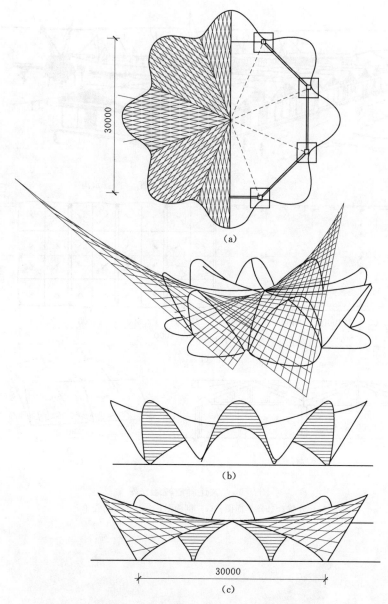

图 9.37　墨西哥霍奇米尔科餐厅
(a) 平面图；(b) 立面图；(c) 剖面图

5. 北京火车站

北京火车站中央大厅和检票口通廊的屋盖采用双曲扁壳结构，如图 9.38 所示。中央大厅屋盖薄壳的平面为 35m×35m，矢高为 7m，壳身厚度仅 80mm。壳的中央微微隆起，四周有拱形高窗，采光充分，素雅大方，宽敞宜人。检票口通廊上也间隔着用了 5 个双曲扁壳，中间的平面为 21.5m×21.5m，两侧的四个平面为 16.5m×16.5m，矢高为 3.3m，壳身厚度为 60mm。边缘构件为两铰拱。因为扁壳是间隔放置的，各个顶盖均可四面采光，使整个通廊显得宽敞明亮。

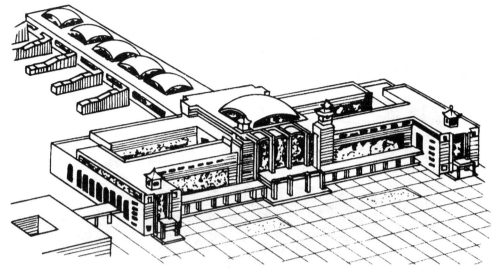

图 9.38　北京火车站外貌

9.6.3　折板结构的工程实例

1. 巴黎联合国教科文组织总部会议大厅

图 9.39 为建于巴黎的联合国教科文组织总部会议大厅，其屋盖采用两跨连续的折板刚架结构。大厅两边支座为折板墙，中间支座为支承于 6 根柱子上的大梁。

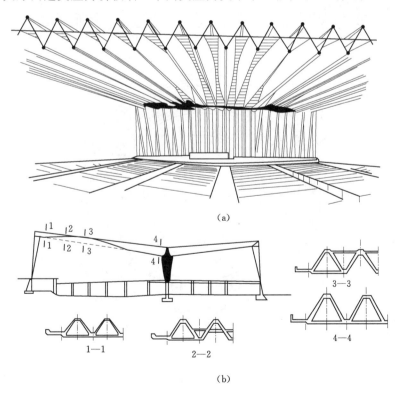

(a)

(b)

图 9.39　巴黎联合国教科文组织总部会议大厅
（a）透视图；（b）剖面图

117

2. 美国伊利诺大学会堂

美国伊利诺大学会堂建筑平面呈圆形，其直径为 132m，如图 9.40 所示。屋顶为预应力钢筋混凝土折板组成的圆顶，由 48 块同样形状的膨胀页岩轻混凝土折板拼装而成，形成 24 对折板拱。拱脚水平推力由预应力圈梁承受。

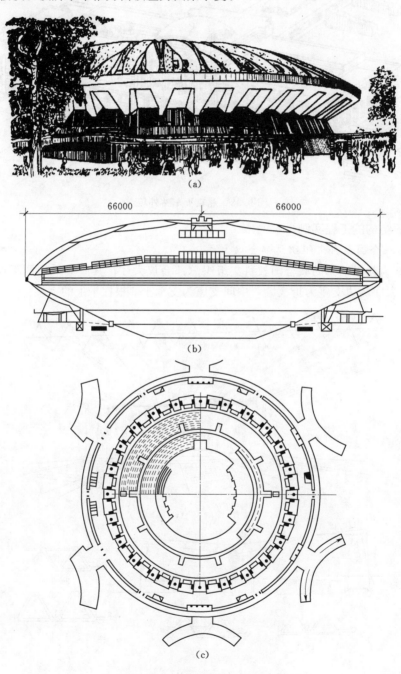

图 9.40　美国伊利诺大学会堂
(a) 外貌；(b) 剖面图；(c) 平面图

思 考 题

9.1　简述薄壳结构的特点。

9.2　旋转曲面薄壳的下部支承结构常用的有哪几种？

9.3　圆柱面壳结构的采光有哪几种方法？

9.4　双曲抛物面扭壳结构的水平推力是如何平衡的？

9.5　何种薄壳称为扁壳？

9.6　什么是折板结构？折板结构具有哪些优点？

9.7　折板结构由哪几个部分组成？折板结构的主要形式有哪几种？

第 10 章 网 壳 结 构

10.1 概 述

网壳结构是网状的壳体结构，也可以说是曲面状的网架结构。其外形为壳，构成为网格状。由于钢筋混凝土壳体的自重太大，而且施工困难，近 30 年来，以钢结构为代表的网壳结构得到了很大的发展。网壳结构具有以下优点：

（1）网壳结构的杆件主要承受轴力，结构内力分布比较均匀，故可以充分发挥材料强度作用。

（2）由于曲面形式在外观上具有丰富的造型，无论是建筑平面还是建筑形体，网壳结构都能给建筑设计人员以自由和想象的空间。

（3）由于杆件尺寸与整个网壳结构的尺寸相比很小，可把网壳结构近似地看成各向同性或各向异性的连续体，利用钢筋混凝土薄壳结构的分析结果来进行定性分析。

（4）网壳结构中网格的杆件可以用直杆代替曲杆，即以折面来代替曲面，可具有与薄壳结构相似的良好的受力性能。同时又便于工厂制造和现场安装。

网壳结构的缺点是计算、构造、制作安装均较复杂，但是随着计算机技术的发展和应用，网壳结构的计算和制作中的复杂性将由于计算机的广泛应用而得以克服，而网壳结构优美的造型、良好的受力性能和优越的技术经济指标使其应用将越来越广泛。

网壳结构按层数可分为单层网壳和双层网壳。中小跨度多采用单层网壳，跨度大时采用双层网壳。单层网壳的优点是杆件少、重量轻、节点简单、施工方便，因而具有更好的技术经济指标。但单层网壳曲面外刚度差、稳定性差，因此在结构杆件的布置、屋面材料的选用、计算模式的确定、构造措施及结构的施工安装中，都必须加以注意。双层网壳的优点是可以承受一定的弯矩，具有较高的稳定性和承载力。当屋顶上需要安装照明、音响、空调等各种设备及管道时，选用双层网壳能有效地利用空间，方便天花或吊顶构造，经济合理。双层网壳根据厚度的不同，又有等厚度与变厚度之分。

网壳结构按材料分类有木网壳、钢筋混凝土网壳、钢网壳、铝合金网壳、塑料网壳、玻璃钢网壳等。目前应用较多的是钢筋混凝土网壳和钢网壳结构，它可以是单层的，也可以是双层的；钢材可以采用钢管、工字钢、角钢、薄壁型钢等，具有重量轻、强度高、构造简单、施工方便等优点。铝合金网壳结构由于重量轻、强度高、耐腐蚀、易加工、制造和安装方便，在欧美国家的大跨度建筑中也有大量应用，其杆件可为圆形、椭圆形、方形或矩形截面的管材。

网壳结构按曲面形式又分为单曲面网壳结构和双曲面网壳结构。

10.2 单曲面网壳结构

单曲面网壳又称为筒网壳或柱面壳，其横截面常为圆弧形，也有椭圆形、抛物线形和双中心圆弧形等。

10.2.1 单层筒网壳

单层筒网壳按网格的形式及其排列方式可分为以下 5 种形式，如图 10.1 所示。

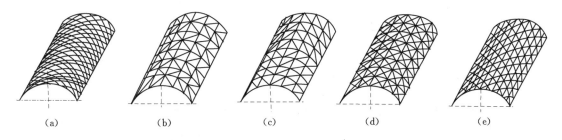

图 10.1 单层筒网壳的形式

(a) 联方网格型；(b) 弗普尔型；(c) 单斜杆型；(d) 双斜杆型；(e) 三向网格型

(1) 联方网格型 [见图 10.1 (a)]，其优点是受力明确，传力简捷。室内呈菱形网格，犹如撒开的渔网，美观大方。缺点是稳定性较差。由于网格中每个节点连接的杆件数少，有时也采用钢筋混凝土结构。

(2) 弗普尔型 [见图 10.1 (b)] 和单斜杆型 [见图 10.1 (c)]，优点是结构形式简单，杆件少，用钢量少，多用于小跨度或荷载较小的情况。

(3) 双斜杆型 [见图 10.1 (d)] 和三向网格型 [见图 10.1 (e)]，优点是刚度和稳定性相对较好，构件比较单一，设计及施工都较简单，适用于跨度较大和不对称荷载较大的屋盖中。

为了增强结构刚度，单层筒网壳的端部一般都设置横向端肋拱（横隔），必要时也可在中部增设横向加强肋拱。对于长网壳，还应在跨度方向边缘设置边桁架。

10.2.2 双层筒网壳

为了加强单层筒网壳的刚度和稳定性，不少工程采用双层筒网壳结构。双层筒网壳结构的形式很多，常用的几种，如图 10.2 所示。一般可按几何组成规律分类，也可按弦杆布置方向分类。

10.2.2.1 按几何组成规律分类

1. 平面桁架体系

平面桁架体系由两个或三个方向的平面桁架交叉构成。图 10.2 中两向正交正放、两向斜交斜放、三向桁架网壳等就属于这一结构类型。

2. 四角锥体系

四角锥体系由四角锥按一定规律连接而成。图 10.2 中折线形、正放四角锥、正放抽空四角锥、棋盘形四角锥、斜放四角锥、星形四角锥网壳等都属于这一结构类型。

3. 三角锥体系

三角锥体系由三角锥单元按一定规律连接而成。图 10.2 中三角锥、抽空三角锥、蜂窝形三角锥网壳等都属于这一结构类型。

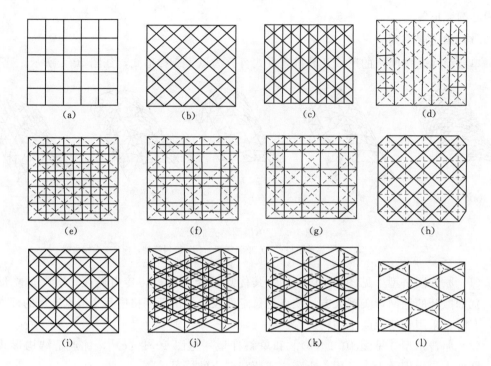

图 10.2　双层筒网壳的形式

(a) 两向正交正放；(b) 两向斜交斜放；(c) 三向桁架；(d) 折线形；(e) 正放四角锥；
(f) 正放抽空四角锥；(g) 棋盘形四角锥；(h) 斜放四角锥；(i) 星形四角锥；
(j) 三角锥；(k) 抽空三角锥；(l) 蜂窝形三角锥

10.2.2.2　按弦杆布置方向分类

1. 正交类

正交类筒网壳的上、下弦杆与网壳的波长方向正交或平行。图 10.2 中两向正交正放、折线形、正放四角锥、正放抽空四角锥网壳等属于这一结构类型。

2. 斜交类

斜交类筒网壳的上、下弦杆件与网壳的波长方向的夹角均小于或大于 90°。图 10.2 中只有两向斜交斜放网壳属于这一结构类型。

3. 混合类

混合类筒网壳的部分弦杆与网壳的波长方向正交，部分斜交。图 10.2 中除上述 5 种外均属这一结构类型。

10.2.3　筒网壳结构的受力特点

筒网壳结构的受力与其支承条件有很大关系。

1. 两对边支承

两对边支承的筒网壳结构，按支承边位置的不同，分为以下两种情况。

(1) 当筒网壳结构以跨度方向为支座时，即成为筒拱结构。拱脚常支承于墙顶圈梁、柱顶连系梁，或侧边桁架上，或者直接支承于基础上。拱脚推力的平衡可采用与拱结构相同的办法解决。

（2）当筒网壳结构以波长方向为支座时，网壳以纵向梁的作用为主。这时筒网壳的端支座若为墙应在墙顶设横向端拱肋，承受由网壳传来的顺剪力，成为受拉构件。其端支座若为变高度梁，则为拉弯构件。

2. 四边支承或多点支承

四边支承或多点支承的筒网壳结构可分为短网壳、长网壳和中长网壳。其受力同时有拱式受压和梁式受弯两个方面，两种作用的大小同网格的构成及网壳的跨度与波长之比有关。其中短网壳的拱式受压作用比较明显，而长网壳表现出更多的梁式受弯特性，中长网壳的受力特点则界于两者之间。由于拱的受力性能要优于梁，因此在工程中多采用短网壳。对于因建筑功能要求必须为长网壳时，可考虑在筒网壳纵向的中部增设加强肋，把长网壳分隔成两个甚至多个短网壳，充分发挥短网壳空间多向抗衡的良好力学性能，以增强拱的作用。

10.3 双曲面网壳结构

双曲面网壳常用的有球网壳和扭网壳、双曲扁网壳3种。

10.3.1 球网壳结构

球网壳结构的球面划分有两点要求：①杆件规格尽可能少，以便制作与装配；②形成的结构必须是几何不变体。

10.3.1.1 单层球网壳

单层球网壳的主要网格形式有以下几种。

（1）肋环型网格：只有径向杆和纬向杆，无斜向杆，大部分网格呈四边形，其平面图酷似蜘蛛网，如图10.3所示。它的杆件种类少，每个节点只汇交四根杆件，节点构造简单，但节点一般为刚性连接。这种网壳通常用于中小跨度的穹顶。

（2）联方型网格：由左斜肋和右斜肋构成菱形网格，两斜肋的夹角为30°~50°；为增加刚度和稳定性，也可加设环向肋，形成三角形网格，如图10.4所示。联方型网格的特点是没有

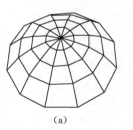
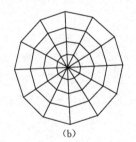

(a)   (b)

图10.3 肋环型球面网壳
(a) 透视图；(b) 平面图

径向杆件，规律性明显，造型美观，从室内仰视，像葵花一样。其缺点是网格周边大，中间小，不够均匀。联方型网格网壳刚度好，常用于大中跨度的穹顶。

（3）施威特勒型网格：由径向网肋、环向网肋和斜向网肋构成，如图10.5所示。其特点是规律性明显，内部及周边无不规则网格，刚度较大，能承受较大的非对称荷载，斜向网肋可以同向也可不同向。这种网壳多用于大中跨度的穹顶。

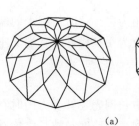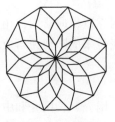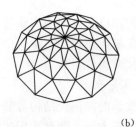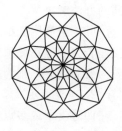

(a)   (b)

图 10.4　联方型网格
(a) 菱形网格；(b) 三角形网格

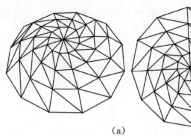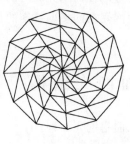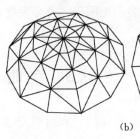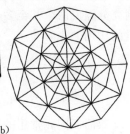

(a)   (b)

图 10.5　施威特勒型网格
(a) 斜向网肋同向；(b) 斜向网肋不同向

（4）凯威特型网格：先用 n 根（n 为偶数，且 $n \geqslant 6$）通长的径向杆将球面分成 n 个扇形曲面，然后在每个扇形曲面内用纬向杆和斜向杆划分成比较均匀的三角形网格，如图 10.6 所示。其特点是每个扇区中各左斜杆相互平行，各右斜杆也相互平行。这种网格由于大小均匀，且内力分布均匀，刚度好，常用于大中跨度的穹顶中。

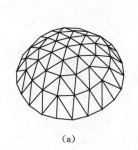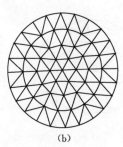

(a)   (b)

图 10.6　凯威特型网格
(a) 透视图；(b) 平面图

（5）三向网格型：由竖平面相交成 $60°$ 的三簇竖向网肋构成，如图 10.7 所示。其优点是杆件种类少，受力比较明确，常用于中小跨度的穹顶。

（6）短程线型网格：所谓短程线是指曲面上两点间位于曲面上的最短曲线。对于球面而言，两点间的短程线就是位于由该两点及球心所决定的平面与球面相交所得的大圆上的圆弧。例如从球面内接的正二十面体来看，它的表面由 20 个相互全等的正三角形组成，如图 10.8（a）所示。将内接正二十面体的 30 个边棱由球心投影到球面上，便把球面剖分成 20 个相互全等的球面正三角形，如图 10.8（b）所示。但所得网格杆长太大，并不实用。将球面三角形的边二等分后，即可得到图 10.8（c）。将球面三角形的边多次二等分剖分后所得到的网格称为短程线型网格。

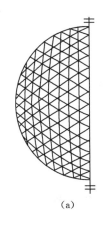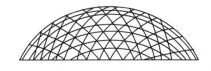

（a）　　　　　　　　　　　　　　　（b）

图 10.7　三向网格型

（a）平面图；（b）立面图

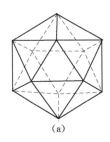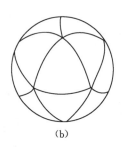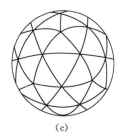

（a）　　　　　　　　（b）　　　　　　　　（c）

图 10.8　短程线型网格

多次二等分剖分后所得小的球面三角形，理论上可完全相等，实践中相差很小，适合于工厂批量生产。短程线网格穹顶受力性能好，内力分布均匀，而且刚度大，稳定性能好，因而被广泛应用。

（7）双向子午线网格：它是由位于两组子午线上的交叉杆件所组成，如图 10.9 所示。它所有杆件都是连续的等曲率圆弧杆，所形成的网格均接近方形且大小接近。该结构用料节省，施工方便，是经济有效的大跨度空间结构之一。

10.3.1.2　双层球网壳

1. 双层球网壳的形成

当跨度大于 40m 时，不管是稳定性还是经济性，双层球网壳要比单层球网壳好得多。双层球网壳是由两个同心的单层球面通过腹杆连接而成的。各层网格的形成与单层网壳相同，对于肋环型、联方型、施威特勒型、凯威特型和双向子午线型等双层球网壳，通常多选用交叉桁架体系。而三向网格型和短程线型等双层球网壳，一般均选用角锥体系。凯威特型和有纬向杆的联方型双层球网壳有时也可选用角锥体系。短程线型的双层球网壳最常见的两种连接形式如图 10.10 所示。图 10.10（a）是内外两层节点不在同一半径延线上，如外层节点在内层三角形网格的中心上，则外层形成六边形和五边形，内层为三角形；图 10.10（b）是内外两层节点在同一半径延线上，也就是说两个划分完全相同但大小不等的单层球网壳通过腹杆连接而成，并已抽掉部分外层节点。

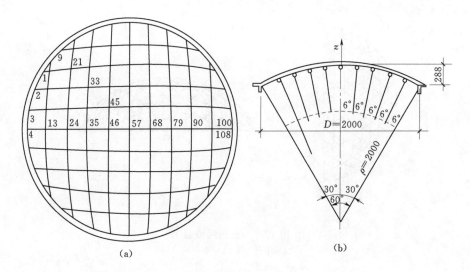

（a）   （b）

图 10.9　双向子午线网格

（a）平面图；（b）剖面图

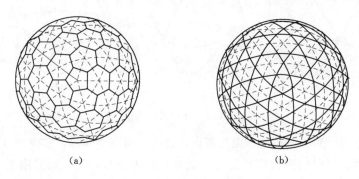

（a）   （b）

图 10.10　短程线型的双层球网壳

2. 双层球网壳的布置

已建成的双层球网壳大多数是等厚度的，但从网壳杆件内力分布来看，一般周边部分的杆件内力大于中央部分杆件的内力。因此在设计中常采用变厚度或局部双层网壳，使网壳既具有单层和双层网壳的主要优点，又避免了它们的缺点，充分发挥杆件的承载力，节省材料。

变厚度双层球网壳形式很多，常见的有从支承周边到顶部网壳的厚度均匀地减少和网壳大部分为单层仅在支承区域为双层两种，如图 10.11 所示。

10.3.1.3　球网壳结构的受力特点

球网壳的受力状态与薄壳结构的圆顶相似，球网壳的杆件为拉杆或压杆，节点构造也须承受拉力或压力。球网壳的底座若设置环梁，有利于增强结构的刚度。单层球网壳为增大刚度，也可再增设多道环梁，环梁与网壳节点用钢管焊接。

10.3.2　扭网壳结构

扭网壳结构为直纹曲面，壳面上每一点都可作两根互相垂直的直线。因此，扭网壳可

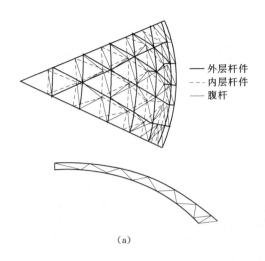

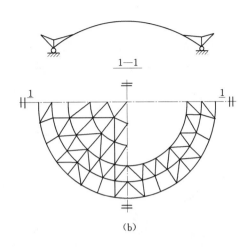

图 10.11　球网壳厚度的变化

（a）网壳厚度均匀地减少；（b）仅支承区域为双层

以采用直线杆件直接形成，采用简单的施工方法就能准确地保证杆件按壳面布置。由于扭网壳为负高斯网壳，可避免其他扁壳所具有的聚焦现象，能产生良好的室内声响效果。扭网壳造型轻巧活泼，适应性强，因此很受建筑师的欢迎。

1. 单层扭网壳

单层扭网壳杆件种类少，节点连接简单，施工方便。按其网格形式的不同，又分为正交正放网格和正交斜放网格两种，如图 10.12 所示。

图 10.12（a）、（b）所示，杆件沿两个直线方向设置，组成的网格为正交正放。在实际工程中，一般都在第三个方向再设置杆件，即斜杆，从而构成三角形网格。图 10.12（a）所示为全部斜杆沿曲面的压拱方向布置，图 10.12（b）所示为全部斜杆件沿曲面的拉索方向布置。

图 10.12（c）所示为杆件沿曲面最大曲率方向设置，组成的网格为正交斜放，但由于没有第三方向的杆件，网壳平面内的抗剪切刚度较差，对承受非对称荷载不利。其改善的办法是在第三方向全部或局部地设置直线方向的杆件，如图 10.12（d）～（f）所示。

2. 双层扭网壳

双层扭网壳的构成与双层筒网壳相似。网格形式也分为两向正交正放和两向正交斜放两种，如图 10.13 所示。

两向正交正放扭网壳为两组桁架垂直相交且平行或垂直于边界。这时每榀桁架的尺寸均相同，每榀桁架的上弦为一直线，节间长度相等。这种布置的优点是杆件规格少，制作方便；缺点是体系的稳定性较差，需设置适当的水平支撑及第三向桁架来增强体系的稳定性，并减少网壳的垂直变形，而这又会导致用钢量的增加。

两向正交斜放扭网壳两组桁架垂直相交但与边界成 45°斜交，两组桁架中一组受拉（相当于悬索受力），一组受压（相当于拱受力），充分利用了扭壳的受力特性。并且上、

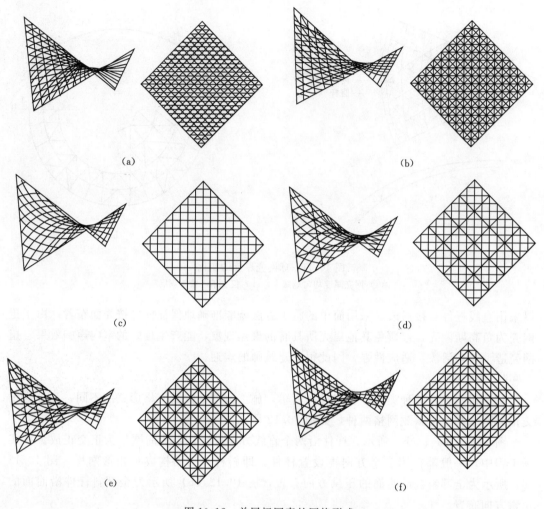

(a)

(b)

(c)

(d)

(e)

(f)

图 10.12　单层扭网壳的网格形式

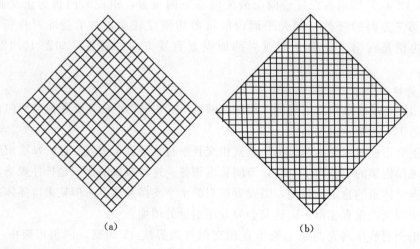

(a)

(b)

图 10.13　双层扭网壳的网格形式
（a）正交正放；（b）正交斜放

下弦受力同向，内力均匀，形成了壳体的工作状态。这种体系的稳定性好，刚度较大，变形较小。但桁架杆件尺寸变化多，给施工增加了一定的难度。

3. 扭网壳结构的受力特点

单层扭网壳本身具有较好的稳定性，但其平面外刚度较小，因此设计中要控制扭网壳的挠度。若在扭网壳屋脊处设加强桁架，能明显地减少屋脊附近的挠度，但由于扭网壳的最大挠度并不一定出现在屋脊处，因此在屋脊处设加强桁架只能部分地解决问题。边缘构件的刚度对于扭网壳的变形有较大的影响。在扭网壳的周边，布置水平斜杆，以形成周边加强带，可提高抗侧力能力。

双层扭网壳受力各方面优于单层。

10.3.3 双曲扁网壳结构

双曲扁网壳常采用平移曲面，杆件种类较少。由于它矢高小，空间利用充分，在工程中有较多应用。网格形式可分为三向网格或单向斜杆正交正放网格，如图10.14所示。

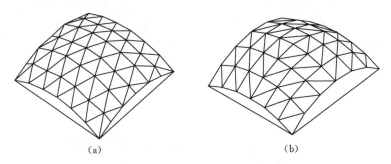

(a)   (b)

图 10.14 双曲扁网壳的网格形式
(a) 三向网格；(b) 单向斜杆正交正放网格

10.4 组 合 网 壳 结 构

组合网壳结构是对各种形式的曲面网壳进行切割组合而成的，以适应各种建筑平面形式，形成风格各异的建筑造型。

10.4.1 柱面与球面组合的网壳结构

当建筑平面呈长椭圆形时，可采用柱面与球面相组合的网壳形式，即在中部为一个柱面网壳，两端分别为1/4的球网壳。这种网壳形式往往用于平面尺寸很大的情况，由于跨度大，这类结构常常采用双层网壳结构，且为等厚度。

由于柱面壳和球面壳具有不同的曲率和刚度，如何处理两者之间的连接和过渡是结构选型中的首要问题。一般的过渡方式有3种，其一是在柱面壳与球面壳之间设缝，如图10.15 (a) 所示；其二是将柱面壳与球面壳网格相对独立划分，然后通过节点将两者连接在一起，如图10.15 (b) 所示；其三是将柱面壳与球面壳整体连在一起，在网格划分时采取自然过渡的办法，如图10.15 (c)、(d) 所示。

10.4.2 组合椭圆抛物面网壳结构

这种网壳由抛物面切割组合而成，用于屋盖酷似一朵莲花，如图10.16所示。

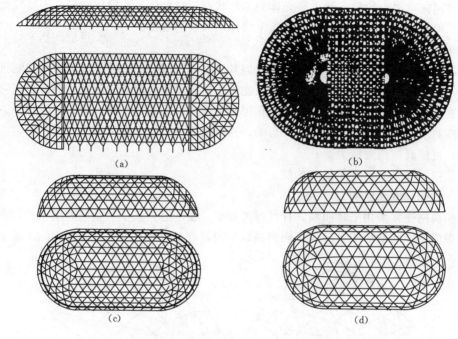

图 10.15 柱面壳与球面壳的连接过渡

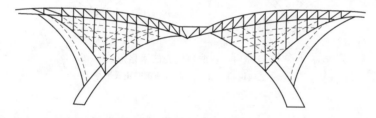

图 10.16 组合椭圆抛物面网壳

10.5 网壳结构的选型

网壳结构的种类和形式很多，故选型时应对建筑平面形状与尺寸、建筑空间、美学、屋面构造、荷载的类别与大小、边界条件、材料、节点体系、制作与施工方法等综合考虑。

1. 网壳结构的形式应与建筑平面相协调

网壳结构适用于各种形状的建筑平面，如圆形平面，可选用球面网壳、组合柱面网壳或组合双曲抛物面网壳；如方形或矩形平面，可选用柱面网壳、双曲抛物面网壳或双曲扁网壳；当平面狭长时，宜选用柱面网壳；如菱形平面，可选用双曲抛物面网壳；如三角形和多边形平面，可采用球面、柱面或双曲抛物面等组合网壳。

2. 网壳结构的形式应与建筑造型相协调

网壳结构应与建筑造型相一致，与周围环境相协调，整体比例适当。当建筑空间要求较大时，可选用矢高较大的球面或柱面网壳；当空间要求较小时，可选用矢高较小的双曲扁网壳或落地式的双曲抛物面网壳；如网壳的矢高受到限制又要求较大的空间时，可将网壳支承于墙上或柱上。

3. 网壳结构的层数

在同等条件下，单层网壳比双层网壳用钢量少。但当跨度超过一定数值后，双层网壳的用钢量反而省。当网架受到较大荷载作用，特别是受到非对称荷载作用时，宜选用双层网壳。

4. 网格尺寸

网格数或网格尺寸对于网壳的用钢量影响较大。网格尺寸越大，用钢量越省。但从受力性能看，网格尺寸太大，对压杆的稳定性不利。网格尺寸太小，则杆件数和节点数增多，将增加节点用钢量和制造安装的费用。另外，网格尺寸最好与屋面板模数相协调。

5. 网壳的矢高与厚度

矢跨比对建筑体型有直接影响，也影响网壳结构的内力。矢跨比越大，网壳表面积越大，屋面材料用量越多，结构用钢量也越多，室内空间大，在使用期间能源消耗也大，但矢跨比大时水平推力有所减少，可降低下部结构的造价。柱面网壳的矢跨比宜取 1/4～1/8，单层柱面网壳的矢跨比宜大于 1/5，球面网壳的矢跨比取 1/2～1/7。

双层网壳的厚度取决于跨度、荷载大小、边界条件及构造要求，它是影响网壳挠度和用钢量的重要参数。

6. 支承条件

支承条件直接影响网壳结构的内力和经济性。支承条件包括支承的数目、位置、种类和支承点的标高。支承的数目多，则杆件内力均匀；支承的刚度越大，则节点挠度越小，但支座和基础的造价也越高。

10.6 工 程 实 例

1. 同济大学大礼堂

同济大学大礼堂建筑平面尺寸为 40m×56m，屋盖采用钢筋混凝土联方网格型筒网壳结构，如图 10.17 所示，网壳矢高为 8～8.5m；网壳支承在间距 8m 的三角形支座上。施工安装方法为预制杆件高空拼装并现浇节点混凝土。

2. 上海某中学体育馆

上海某中学体育馆建筑平面尺寸为 30m×50m，屋盖采用三向网格型单层筒网壳结构，如图 10.18 所示，网壳矢高 8m，网壳沿波长方向划分 14 格，形成的网格为等腰三角形，斜杆长度为 2.82m，水平杆长度为 2.5m。网壳两端山墙处及离一端山墙 10m 处共有 3 列柱子，可作为网壳支承，在纵向 40m 长度内，每隔 10m 增加一道由杆件组成的加强拱肋，以提高其稳定性。网壳的水平推力依靠建筑物自身的刚度和适当放大檐口断面尺寸来承受，通过设置大天沟，把网壳的水平推力集中传到两端山墙。

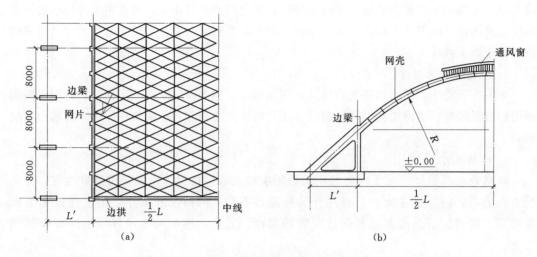

图 10.17　同济大学大礼堂网壳屋盖

(a) 平面图；(b) 剖面图

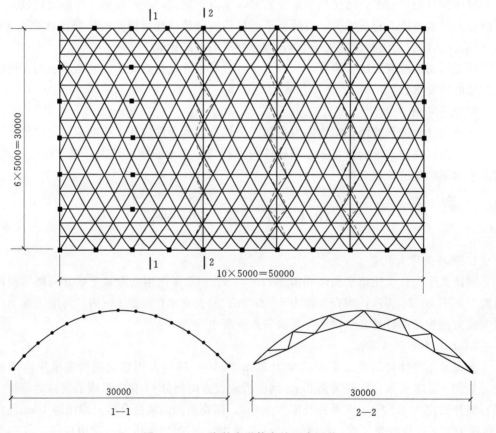

图 10.18　上海某中学体育馆网壳屋盖

3. 大庆林源炼油厂多功能厅

大庆林源炼油厂多功能厅建筑平面为直径30m圆形，如图10.19所示。屋盖采用1/3球形单层钢网壳结构，网壳为凯威特形网格，设计跨度为25.6m，矢高为6.1m。网壳下部的承重结构为12个钢筋混凝土支架，支架上部设圈梁连接成整体，网壳边节点全部与圈梁整浇。

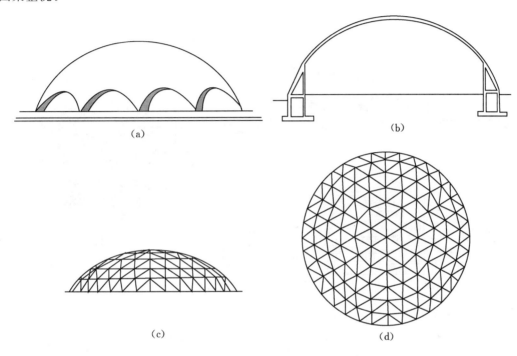

图 10.19　大庆林源炼油厂多功能厅网壳屋盖
(a) 外貌；(b) 剖面图；(c) 网壳立面；(d) 网壳平面

4. 北京科技馆穹幕影院

北京科技馆穹幕影院为一个内径32m、外径35m、高25.5m的3/4双层球网壳，内层采用6频划分的完整的短程线穹顶，外层则是内层径向延伸并抽掉一部分外层杆件和节点形成六边形与五边形组合的图案，如图10.20所示。

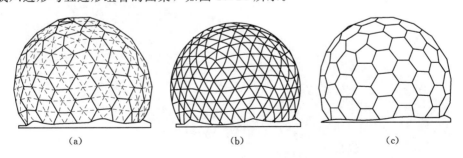

图 10.20　北京科技馆穹幕影院
(a) 总体；(b) 内层；(c) 外层

5. 德阳市体育馆

四川省德阳市体育馆屋盖平面为菱形，边长为 74.87m，对角线长为 105.80m，四周悬挑，两翘角部位最大悬挑长度为 16.50m，其余周边悬挑长度为 6.60m，如图 10.21 所示。屋盖结构为两向正交斜放网格的双层扭网壳。网壳曲面矢高为 14.50m，最高点上弦球中心标高为 32.1m，屋盖覆盖平面面积为 5575.68m^2。网壳上面铺设四棱锥形 GRC 屋面板，构成了新颖、美观、别具一格的建筑造型。

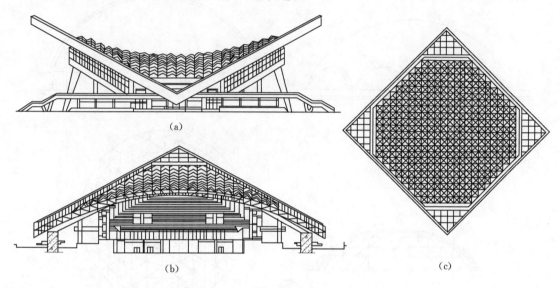

图 10.21 四川省德阳市体育馆网壳屋盖
(a) 正立面图；(b) 剖面图；(c) 屋顶面平面图

6. 哈尔滨速滑馆

哈尔滨速滑馆建筑平面尺寸为 101.2m×206.2m，屋盖结构采用中部圆柱面壳和两端半球面壳组合的巨型双层网壳，屋盖轮廓尺寸为 86.2m×191.2m，如图 10.22 所示。网壳中部的柱面壳部分采用正放四角锥体系，两端球面壳部分采用三角锥体系，一律采用螺栓球节点，网格尺寸为 3m 左右。

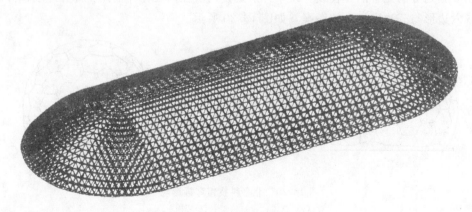

图 10.22 哈尔滨速滑馆网壳屋盖

思 考 题

10.1　简述网壳结构的主要优点和缺陷。

10.2　网壳结构的分类方法主要有哪些？

10.3　网壳结构的选型一般应根据什么原则进行？

10.4　组合网壳结构有哪几种？

第11章 悬 索 结 构

11.1 概 述

悬索结构是最古老的结构形式之一,它最早应用于桥梁工程中。近代的悬索桥如图11.1所示为1937年建成的美国加利福尼亚州金门大桥,主跨达1280m。而大跨度悬索结构在建筑工程中的广泛应用,则只有几十年的历史。由于悬索结构的承重钢索受拉能力强,能够充分发挥其强度优势,并跨越很大的跨度,故主要用于大跨度的体育馆、展览馆、会议厅等大型公共建筑中。悬索结构其跨越距离在各种大跨度结构体系中为最大。

图11.1 美国加利福尼亚州金门大桥

11.2 悬索结构的组成及受力特点

11.2.1 悬索结构的组成

悬索结构由受拉索、边缘构件和下部支承构件所组成,如图11.2所示。拉索按一定的规律布置可形成各种不同的体系,边缘构件和下部支承构件的布置则必须与拉索的形式相协调,有效地承受或传递拉索的拉力。拉索一般采用由高强钢丝组成的钢绞线、钢丝绳或钢丝束,边缘构件和下部支承构件则常常为钢筋混凝土结构。

悬索结构具有以下特点:

(1)悬索结构通过索的轴向受拉来抵抗外荷载的作用,可以充分地利用钢材的强度。

(2)悬索结构便于建筑造型,容易适应各种建筑平面,因而能满足各种建筑功能和表达形式的要求,有利于创作出新颖并富有动感的建筑体型。

(3)悬索结构施工比较方便。因钢索自重轻,屋面构件一般也较轻,因此施工时不需要大型起重设备。

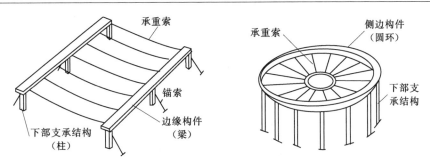

图 11.2 悬索结构的组成

（4）悬索结构可以创造具有良好物理性能的建筑空间。双曲下凹碟形悬索屋盖具有极好的音响性能，可用于对声学要求较高的公共建筑。悬索屋盖对室内采光也极易处理。

（5）悬索结构的稳定性较差。单根的悬索是一种几何可变结构，故常常需要布置一些索系或结构来提高屋盖结构的稳定性。

（6）悬索结构的边缘构件和下部支承必须具有一定的刚度和合理的形式，以承受索端巨大的水平拉力。因此悬索体系的支承结构往往需要耗费较多的材料，当跨度小时，往往不经济。

11.2.2 悬索结构的受力特点

1. 悬索结构的内力

悬索结构是拱结构的反向体系，但都属于轴心受力构件。拱属于轴心受压构件，而悬索则是轴心受拉构件，对于抗拉性能好的钢材来讲，悬索是一种理想的结构形式，并且材料受拉时基本没有失稳的问题。

在竖向荷载作用下，悬索支座受到水平拉力的作用，该水平拉力的大小与索的下垂度 f 成反比。f 越小，水平拉力越大。因此找出合理的垂度，处理好拉索水平力的传递和平衡是结构设计中要解决的重要问题，在结构布置中应给予足够的重视。

2. 悬索结构的变形

由于索本身是柔性构件，其抗弯刚度可以忽略不计，因此索的形状会随荷载的不同而改变。悬索在各种不同外力作用下的变形，如图 11.3 所示。

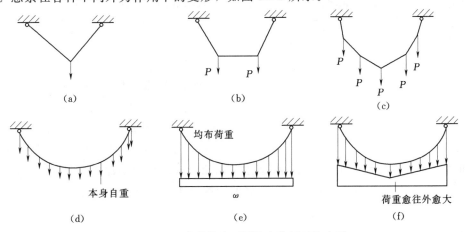

图 11.3 悬索结构在不同外力作用下的变形
（a）三角形；（b）梯形；（c）索多边形；（d）悬链线；（e）抛物线；（f）椭圆

3. 悬索结构的稳定

悬索结构稳定性能差，主要表现在两个方面，一是适应荷载变化的能力差，二是抗风吸、风振能力差。

图 11.4（a）为索在自重荷载作用下呈悬链线形式，这时如再施加某种不对称的活荷载或局部荷载，则原来的悬链线形式即不能再保持平衡，悬索将产生相当大的位移变形，形成与新的荷载分布相适应的新的平衡形式。这就会造成屋面防水层的损坏。悬索抵抗位移的能力与索的张紧程度（即索内初始拉力的大小）有关。索内初始拉力愈大，其抵抗局部荷载引起的位移的能力也愈大，即稳定性愈好。图 11.4（b）为风荷载对悬索屋盖的影响。作用在悬索屋盖上的风力，主要是吸力，而且分布不均匀，当风吸力超过屋盖结构自重时，则屋盖将被风力掀起而破坏。此外，竖向地震作用产生的向上惯性力也会引起屋盖的失稳，柔性的悬索结构还可能因风力或地震的动力作用而产生共振现象，使结构遭到破坏。

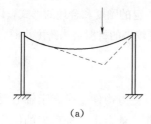
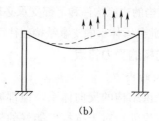

（a） （b）

图 11.4 悬索屋盖结构稳定性
（a）集中荷载的影响；（b）风荷载的影响

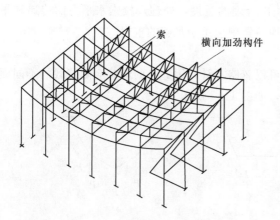

图 11.5 单层平行索与横向加劲桁架

为使单层悬索屋盖结构具有必要的稳定性，一般可采取以下几种措施。

（1）增加悬索结构上的荷载，可增加屋盖自重（如采用钢筋混凝土屋面板）或增加吊顶重量。当屋盖自重超过最大风吸力的 1.1 倍时，一般认为它是安全的。

（2）形成预应力索—壳组合结构，对钢筋混凝土屋盖施加预应力，使之形成壳与悬索共同受力，整体工作。

（3）形成索—梁或索—桁架组合结构，在单曲面单层悬索结构的索上搁置横向加劲梁或桁架，形成所谓的索—梁或索—桁架组合结构，如图 11.5 所示。加劲梁或桁架具有一定的抗弯刚度，在两端与山墙处的结构相连，并与悬索在交汇处相互连接，使之形成索—梁或索—桁架共同受力，整体工作。

（4）增设相反曲率的稳定索。

11.3 悬索结构的形式

悬索结构根据屋面几何形式和拉索布置方式的不同，可分为以下 3 类形式。

11.3.1 单层悬索结构

单层悬索结构的优点是传力明确，构造简单；缺点是屋面稳定性差，抗风（上吸力）能力小。为此常采用重屋面，适用于中小跨度建筑的屋盖。

1. 单曲面单层悬索结构

单曲面单层悬索结构由许多平行的单根拉索组成。屋盖表面为筒状凹面，需从两端山墙排水，如图 11.6 所示。索的水平拉力不能在上部结构实现自平衡，必须通过适当的形式传至基础。拉索水平力的传递有以下 3 种方式：

（1）拉索水平力传至竖向承重结构：拉索的两端可锚固在具有足够抗侧刚度的竖向承重结构上，如图 11.6（a）所示。竖向承重结构可为斜柱墩或侧边的框架结构等。

（2）拉索水平力通过拉锚传至基础：索的拉力也可在柱顶改变方向后通过拉锚传至基础，如图 11.6（b）所示。

（3）拉索水平力通过刚性水平构件集中传至抗侧山墙：拉索锚固于端部水平结构（水平梁或桁架）上，该水平结构具有较大的刚度，可将各根悬索的拉力传至建筑物两端的山墙，利用山墙受压实现力的平衡，如图 11.6（c）所示。

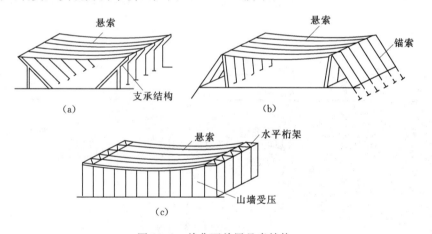

图 11.6 单曲面单层悬索结构

2. 双曲面单层悬索结构

双曲面单层悬索结构也称单层辐射悬索结构，常用于圆形建筑平面，拉索按辐射状布置，使屋面形成一个旋转曲面，如图 11.7 所示。双曲面单层悬索结构有碟形和伞形两种。碟形悬索结构的拉索一端锚固在周边柱顶的受压环梁上，另一端锚固在中心受拉的内环梁上，其特点是雨水集中于屋盖中部，屋面排水处理较为复杂。伞形悬索结构的拉索一端锚固在周边柱顶的受压环梁上，另一端锚固在中心立柱上，其圆锥状屋顶排水通畅，但中间有立柱，限制了建筑的使用功能。

双曲面单层悬索结构也可用于椭圆形建筑平面。其缺点是在竖向均布荷载作用下拉索

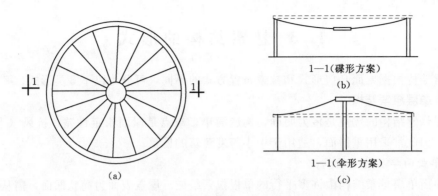

图 11.7　双曲面单层悬索结构

（a）拉索平面；（b）碟形方案；（c）伞形方案

的内力都不相同，从而会在受压外环梁中产生弯矩，因此很少被采用。

11.3.2　双层悬索结构

双层悬索结构是由一系列承重索和相反曲率的稳定索组成，如图 11.8 所示。每对承重索和稳定索一般位于同一竖向平面内，二者之间通过受拉钢索或受压撑杆连系，连系杆可以斜向布置构成犹如屋架的结构体系，故常称为索桁架，如图 11.8（a）所示；连杆也可以布置成竖腹杆的形式，这时常称为索梁，如图 11.8（b）所示。根据承重索与稳定索位置关系的不同，连系腹杆可能受拉，也可能受压。当为圆形建筑平面时，常设中心内环梁。

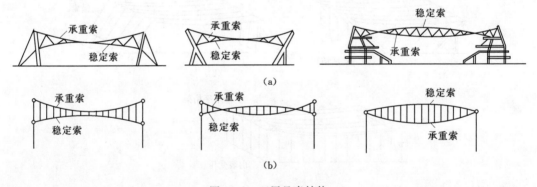

图 11.8　双层悬索结构

双层悬索结构的优点是稳定性好，整体刚度大，因此，常采用铁皮、铝板、石棉板等轻屋面，并采用轻质高效的保温材料以减轻屋盖自重。

1. 单曲面双层悬索结构

单曲面双层悬索结构由许多平行的双层拉索组成。常用于矩形平面的单跨或多跨建筑，如图 11.9 所示。承重索的垂度一般取跨度的 1/15～1/20；稳定索的拱度则取 1/20～1/25。与单层悬索体系一样，双层索系两端也必须锚固在侧边构件上，或通过锚索固定

图 11.9　单曲面双层悬索结构

在基础上。

单曲面双层悬索结构中的承重索和稳定索也可以不在同一竖向平面内，而是相互错开布置，构成波形屋面，承重索与稳定索之间靠波形的系杆连接（剖面 2—2），并可以施加预应力，如图 11.10 所示。这样可有效地解决屋面排水问题。

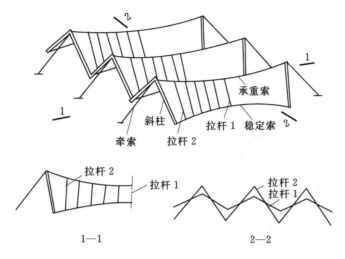

图 11.10 不在同一竖向平面内的承重索和稳定索

2. 双曲面双层悬索结构

双曲面双层悬索结构也称双层辐射悬索结构。常用于圆形建筑平面，也可用于椭圆形、正多边形或扁多边形平面。承重索和稳定索均沿辐射方向布置，中心设置受拉内环梁，拉索一端锚固在周边柱顶的受压环梁上，另一端锚固在中心受拉的内环梁上。根据承重索和稳定索的关系所形成的屋面可为凸形、凹形或交叉形，如图 11.11 所示；也可以对拉索体系施加预应力。

11.3.3 交叉索网结构

交叉索网结构也称鞍形索网，它是由两组曲率相反的拉索直接交叉组成，其曲面为双曲抛物面，如图 11.12 所示。两组拉索中下凹者为承重索，上凸者为稳定索，稳定索应在承重索之上。交叉索网结构通常施加预应力，以增强屋盖结构的稳定性和刚度。由于存在曲率相反的两组索，对其任意一组或同时对两组进行张拉，均可实现预应力。

交叉索网结构刚度大、变形小，具有反向受力能力，结构稳定性好，适用于大跨度建筑的屋盖。交叉索网结构可用于圆形、椭圆形、菱形等各种建筑平面，边缘构件形式丰富多变，造型优

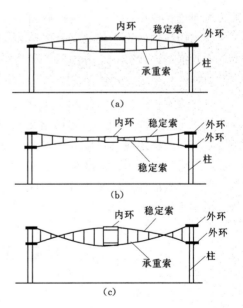

图 11.11 双曲面双层悬索结构
(a) 凸形；(b) 凹形；(c) 交叉形

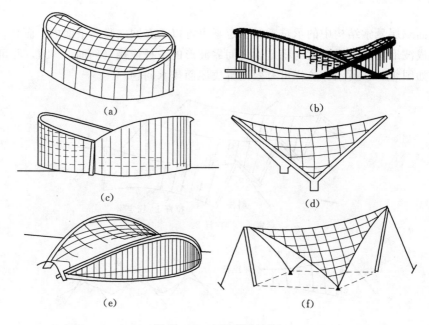

(a)

(b)

(c)

(d)

(e)

(f)

图 11.12　交叉索网结构

美，屋面排水容易处理，因而应用广泛。屋面材料一般采用轻屋面，如卷材、铝板、拉力薄膜等，以减轻自重、节省造价。因边缘构件的形式不同可分为以下几种：

（1）边缘构件为闭合曲线形环梁，环梁呈马鞍形，搁置在下部的柱或承重墙上，如图 11.12（a）所示。

（2）边缘构件为落地交叉拱，倾斜的抛物线两拱在一定的高度相交后落地，拱的水平推力可通过在地下设拉杆平衡，如图 11.12（b）所示。

（3）边缘构件为不落地交叉拱，倾斜的抛物线两拱在屋面相交，拱的水平推力在一个方向相互抵消，在另一个方向则必须设置拉索或刚劲的竖向构件，如扶壁或斜柱等，以平衡其向外的水平力，如图 11.12（c）、（d）所示。

（4）边缘构件为一对不相交的落地拱，两落地拱各自独立，以满足建筑造型上的要求。如图 11.12（e）所示。这时落地拱身平面内拱脚水平推力需在地下设拉杆平衡；而拱身平面外的稳定应设置墙或柱支承。

（5）边缘构件为拉索结构，如图 11.12（f）所示。这种索网结构可以根据需要设置立柱，并可做成任意高度，覆盖任意空间，造型活泼，布置灵活。这种结构方案常被用于薄膜帐篷式结构中。

11.4　工 程 实 例

1. 德国乌柏特市游泳馆

建于 1956 年的德国乌柏特市游泳馆，可容纳观众 2000 人，比赛大厅平面尺寸为 65m×40m，如图 11.13 所示。根据两边看台形式，屋盖设计成纵向单曲面单层悬索结构，悬索跨度为65m，悬索拉力经由边梁传给看台斜梁再传至游泳池底部，因两侧结构对称布置，使斜梁基底的水平推力得以相互抵消，取得平衡，地基仅承受压力。该建筑结构形式与建筑使用空间协调一致，非常合理。采用浮石混凝土和普通混凝土屋面，以保证悬索的稳定性。

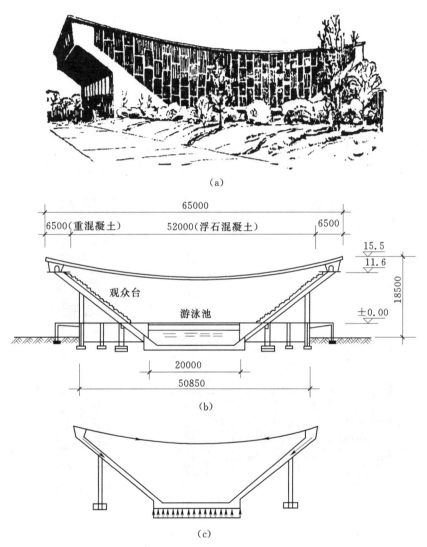

图 11.13 德国乌柏特市游泳馆
(a) 外貌；(b) 剖面图；(c) 悬索内力

2. 乌拉圭蒙特维多体育馆

乌拉圭蒙特维多体育馆，建筑平面为圆形，直径为94m，中心布置有直径为19.5m锥形天窗，如图11.14所示。屋盖采用碟形悬索结构，预制钢筋混凝土屋面板，拉索垂度为8.9m，中心利用天窗钢框架作内环梁，外墙顶采用钢筋混凝土外环梁，碟形悬索结构下凹的屋面使室内空间减小，音响效果好，但屋面排水处理困难。

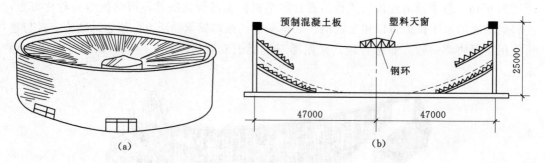

图 11.14 乌拉圭蒙特维多体育馆
(a) 外貌；(b) 剖面图

3. 吉林冰上运动中心滑冰馆

　　1986 年建成的吉林冰上运动中心滑冰馆采用了单曲面双层悬索结构，如图 11.15

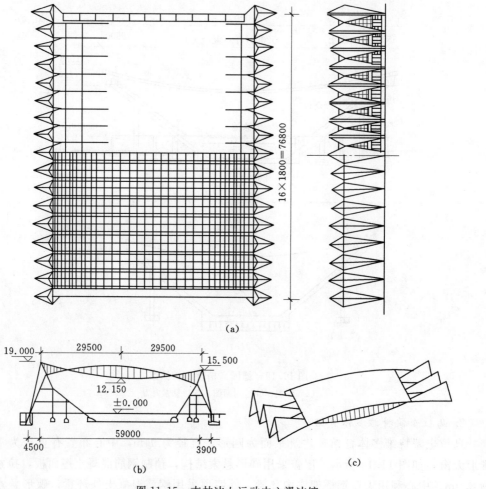

图 11.15 吉林冰上运动中心滑冰馆
(a) 平面和立面图；(b) 剖面图；(c) 屋盖外貌

所示。其单根承重索与双根稳定索不在同一竖向平面内，而是相互错开半个间距
（2.4m），两索固定在看台的钢筋混凝土框架顶部，其斜拉杆使看台框架形成一个菱形空
间框架。这种梁索立体布置方案不仅使平面索结构的支撑与檩条合一、节约材料，还能有
效地解决矩形平面悬索屋盖的排水问题。

4. 北京工人体育馆

建于 1961 年的北京工人体育馆，建筑平面为圆形，能容纳 15000 名观众，比赛大厅
直径为 94m，建筑面积为 42000m²，如图 11.16 所示。大厅屋盖采用圆形双曲面双层悬索
结构，由索网、外环和内环三部分组成。外环为钢筋混凝土框架结构，框架结构共四层，
为休息廊和附属用房。内环为钢结构，高 11.0m，直径 16.0m。索网采用钢丝束，沿径向
呈辐射状布置，索系分上下两层。下层索为承重索，上层索直接承受屋面荷载，并作为稳

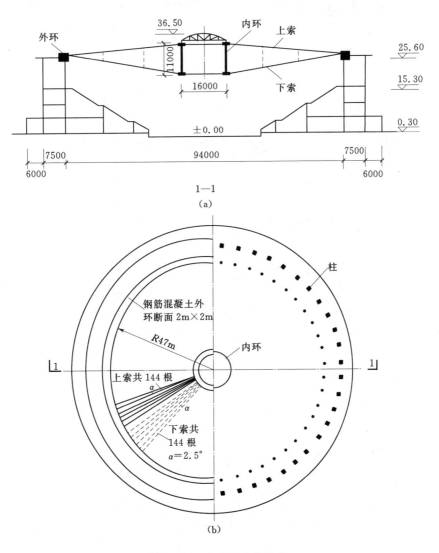

图 11.16 北京工人体育馆

（a）剖面图；（b）平面图

145

定索，它通过内环将荷载传给下索，并使上下索同时张紧，以增强屋面刚度。

5. 浙江人民体育馆

位于杭州的浙江人民体育馆是1967年建成的，如图11.17所示。体育馆平面呈椭圆

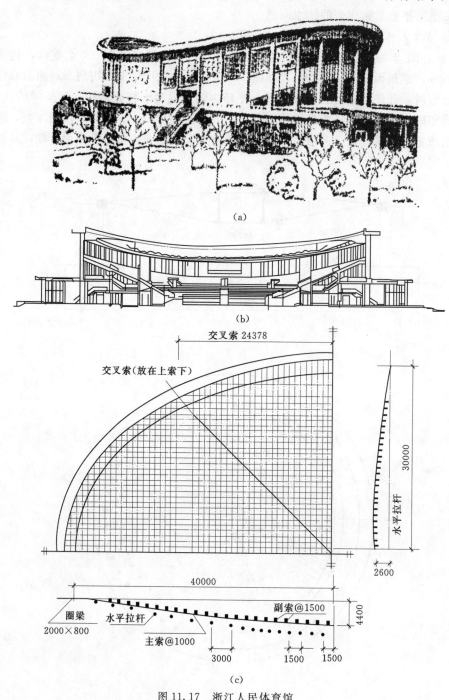

图 11.17　浙江人民体育馆

(a) 外貌；(b) 剖面图；(c) 索平面和索剖面图

形，长轴长度为 80m，短轴长度为 60m。其屋盖为鞍形悬索结构，采用马鞍形交叉索网，屋面最高点与最低点相差 7m，边缘构件采用一个截面为 2000mm×800mm 的钢筋混凝土环梁，在索拉力的作用下，环梁不仅受压，还产生很大的弯矩。

6. 雷里竞技馆

图 11.18 为美国雷里竞技馆结构示意图，建于 1953 年。中间为 67.4m×38.7m 的椭圆形比赛场，可容纳观众 5500 人。该竞技馆设计思想新颖、明快，结构受力明确、合理，被认为是世界上第一座采用现代悬索屋盖结构的建筑。竞技馆屋盖为双曲抛物面，采用交叉索网结构。索网的平均网格尺寸为 1.83m×1.83m，纵向为下凹的承重索，直径为 19～22mm，中央承重索垂度 10.3m，垂跨比约 1/9；横向为上凸的稳定索，直径为 12～19mm，中央稳定索矢高 9.04m，通过施加预应力使承重索与稳定索相互张紧。承重索和稳定索均锚固在两个交叉的钢筋混凝土拱上，形成马鞍形双曲抛物面，索网上铺设波形钢板屋面。

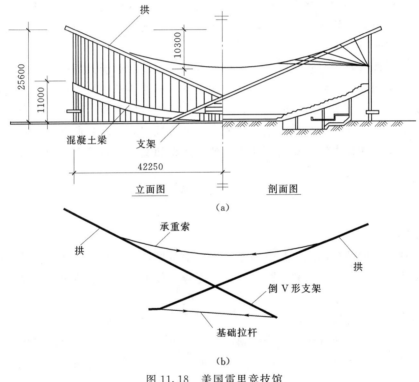

图 11.18 美国雷里竞技馆
(a) 立面和剖面图；(b) 索内力图

思 考 题

11.1 简述悬索结构的基本构成及其应用范围。

11.2 悬索结构的优缺点有哪些？

11.3 悬索结构的结构形式有哪些？它们各有何特点及适用范围？

11.4 如何保证和加强悬索结构的屋面刚度？

第12章 大跨度空间结构的其他形式

12.1 概　述

随着时代的发展与社会的进步，人们对建筑使用空间和视觉空间的要求也越来越高，大跨度建筑能够最大限度地满足人们工业生产和体育、文化、商贸活动的需要，体现了一个城市甚或一个国家建筑技术的发展水平。同时，大跨度的公共建筑往往被认为是一个城市或者地区的标志，传递着一个民族的文化特征和当代社会的精神风貌，并对改善城市景观、调节市民的生活环境起着重要的作用。随着结构计算理论的发展和提高，随着高强度材料及新型屋面材料的研发和应用，随着建筑施工技术的完善，大跨度空间结构的形式将会越来越丰富多彩。

建筑结构形式影响到建筑空间艺术的可行性和合理性。对于大跨度建筑而言，更应注意建筑造型与结构受力的协调统一，注意结构力学原理的科学性与建筑空间的艺术性的完美统一。个别建筑由于追求造型的独特，从工程本身的造价而言，并不是最合理，但由于丰富了城市的景观，改善了市民的生活环境，从城市规划的总体要求出发，或许是值得和必要的。特别是一些标志性的建筑，建筑的外观造型和文化内涵更为人们所重视。

12.2 充气膜结构

12.2.1 概述

膜是一种古老的结构形式，其造型在自然界中常见，如水泡。在日常生活中也有许多应用膜的实例，如气球、游泳救生圈、帆、帐篷等。作为建筑屋盖结构，帐篷是最古老的空间张力膜结构。直至今天仍为广大游牧民所喜爱。

膜结构是用性能优良的柔软织物为材料而形成的一种张拉结构，它可分为充气膜结构和张拉膜结构两大类。充气膜结构是向膜内充气，由空气压力支撑膜面；张拉膜结构是利用拉索结构或支撑结构将膜绷紧或撑起，从而形成具有一定刚度、能够覆盖大跨度建筑空间的结构体系。

膜结构是建筑与结构完美结合的一种结构体系。在膜结构中，膜作为结构材料必须具有足够的强度，以承受由于自重、风、雪等荷载及内压或预应力产生的拉力；它同时作为建筑材料又必须具有防水、挡风、隔热、透光等建筑功能。模结构已大量应用于博览会、体育场、收费站等公共建筑，如图12.1所示。

12.2.2 充气膜结构的分类及特点

膜材本身的受弯刚度几乎为零，但通过不同的支撑体系使薄膜承受张力，从而形成具有一定刚度的稳定曲面。以织物与有机涂料复合而成的膜材料具有优良的力学特性。其受拉强度可达1400N/cm，膜材只承受沿膜面的张力，因而可充分发挥材料的受拉性能。同时，膜

(a)

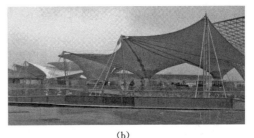
(b)

图 12.1　膜结构的应用

(a) 景观小品；(b) 上海世博会世博轴

材厚度小、重量轻，一般厚度在 0.5～0.8mm，重量约为 0.005～0.02kN/m²，膜结构还具有良好的抗震性能，它为柔性结构，具有良好的变形性能，易于耗散地震能量。另外，膜结构即使遭到破坏，也不会造成人员伤亡。此外，膜材多为不燃或阻燃材料，具有耐火性好、制作方便、施工速度快等优点。当自然灾难突然降临时，膜结构可以立刻解决人们的住房和储存空间短缺的问题。膜结构的主要缺点是耐久性较差；另外，在炎热夏天薄膜结构的室内气温比室外高，可使人明显地感到不舒适。因此，膜结构多采用反射能力强的淡色材料。

在荷载作用下，膜结构会产生很大的变形，过大的变形便会造成薄膜的撕裂，这对充气膜结构来说有时是灾难性的。如雪荷载会造成膜结构的下沉，下沉的袋状屋面反过来又加剧冰雪的集积，因此，必须采取措施控制雨雪在屋盖上集积。一般可通过不断改变充气压力来清除积雪，并保持较高的充气压力来维持膜结构的形状，有时也需要设置专门的装置对双层膜之间的空气进行加热，或直接对薄膜进行加热来融化积雪。

充气膜结构可分为气压式、气承式和混合式 3 种。

1. 气压式膜结构

气压式膜结构也称为气胀式膜结构，它是在若干充气肋或充气被的密闭空间内保持空气压力，以保证其支承能力的结构。其工作原理与轮胎、游泳救生圈相似。如图 12.2 所示。

气压式膜结构可直接落地构成建筑空间，如图 12.2 (a) 所示，也可作为屋顶搁置在墙、柱等竖向承重构件上，如图 12.2 (b) 所示。

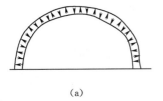
(a)

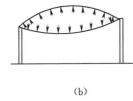
(b)

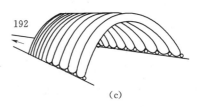
192
(c)

图 12.2　气压式膜结构的形式

气压式膜结构有两种形式，即气肋结构和气被结构。前者是用加压充气管组成框架以支撑防风挡雨的受拉膜。该膜也能增加结构的稳定。适用于小跨度的结构。后者是在双层的薄膜之间充入空气，双层薄膜用线或隔膜连接起来，其适用跨度比气肋结构大得多。

气压式膜结构的承载能力依赖于薄膜构架的结构形式、薄膜材料的特性及作用于薄膜内的气压。其优点是其使用空间内无须创造剩余压力，与此相连的是无须设置鼓风机外

149

室，空间自由开放，建筑造型灵活多样，同时由于空气层的阻隔，结构隔热性好。

2. 气承式膜结构

气承式膜结构是靠不断地向壳体内鼓风，在较高的室内气压作用下使其自行撑起，以承受自重和外荷载的结构。其工作原理与热气球相似，如图 12.3 所示。

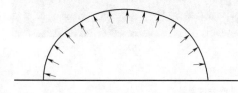

图 12.3　气承式充气膜结构

气承式膜结构具有结构简单、使用安全可靠、施工速度快、价格低廉（因对材料的要求不高）、在内部安装拉索的情况下其跨度和面积可以无限制地扩大等优点。因此，它在建筑业中得到了极为广泛的应用。

气承式充气膜结构需要长期不间断地向室内送风，以保证室内外气压差，因此要有一整套加压送风的机械、控制系统及长期的能源消耗。另外，又要沿充气结构四周设砂包加压或设拉索拉锚，以保证充气结构的稳定性，并在出入口要进行适当的布置，以防止空气泄漏，这就使得结构设计复杂化，也给使用带来不便。

3. 混合式膜结构

由于气压式膜结构和气承式膜结构都有其局限性，便出现了混合式膜结构。混合式膜结构有两种形式，第一种是将气压式膜结构与气承式膜结构混合，这样既发挥了气承式膜结构跨度大的优点，又利用了双层薄膜性能好的特点。第二种是将充气膜结构与其他传统的建筑结构相结合，其变化是无穷的。例如在气承式膜结构中增加一个轻钢刚架结构，就可以解决气承式膜结构中需要连续充气及进出建筑时气压消失等问题。

12.2.3　膜结构的材料

用于膜结构的膜材料一般是由高强编织物和涂层构成的复合材料，如图 12.4 所示。一般织物由直的径线和波状的纬线所组成。很明显，弹簧状的纬线比直线状的径线具有更强的伸缩性。同时，径线与纬线之间的网格是完全没有抗剪刚强度的。由于织物在径向、纬向及斜向的工作性能不一致，因此膜材料被认为是多向异性的。但当织物被涂以覆盖物后，纤维之间的网眼将被涂料所填充，这样可有效地减少织物在不同方向的工作性能。故膜材料也可近似地被认为是各向同性的。膜材料的涂层除具有上述功能外，

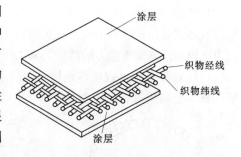

图 12.4　膜结构的材料

还可使织物具有不透气和防水性能，并增加了织物的耐久性、耐腐蚀性和耐磨损性。此外，涂层的作用还可把几块织物连接起来。因为，膜材料的连接主要是采用加热及加压的方法来实现的，而不是采用缝或胶接的办法来实现。

膜结构的膜材料分为两类：

一类为聚酯织物为加聚氯乙烯涂层，适用于中小跨度的临时性建筑的屋盖结构。它是用聚酰胺纤维或聚酯纤维或聚丙烯纤维制成的织物。常用的涂层是增塑聚氯乙烯或氯磺化乙烯。这类薄膜的张拉强度较高，加工制造方便，价格便宜。但弹性模量较低，材料尺寸稳定性较差，耐久性不高，其使用寿命一般为 5～10 年。

另一类为无机材料织物为加聚四氟乙烯涂层，可用于大跨度永久性建筑屋盖。其主要基材有玻璃纤维、钢纤维、碳纤维等。采用聚四氟乙烯作为外涂层，既利用了织物的力学性能好、不燃等特点，又利用了涂料极好的化学稳定性和热稳定性。而且具有优良的耐久性，使用寿命在 25 年以上，是目前国际上膜结构中应用最为广泛的膜材。但其价格较高，涂敷与拼接工艺较为复杂，需要特殊的设备和技术。

12.2.4 充气膜结构的工程实例

1. 美国波士顿艺术中心剧场

图 12.5 为建于 1959 年的波士顿艺术中心剧场。这是一个直径为 44m 的圆盘形气被膜结构充气屋盖，中心高 6m，双层屋面是用拉链连起来的，固定在支承在柱子上的受压钢环上。整个屋面倾斜，以使底部凸面有利于音响效果。屋面采用两台风机充气。

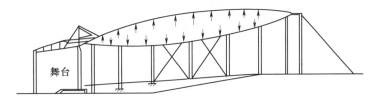

图 12.5 波士顿艺术中心剧场

2. 美国密执安州庞提亚克体育馆

图 12.6 为美国密执安州庞提亚克体育馆，建于 1975 年，平面尺寸为 220m×168m，矢高 15.2m，覆盖面积为 35000m²，最大观众席位 80638 个，采用单层气承式充气结构，膜材料为特氟隆（聚四氟乙烯塑料）涂敷的玻璃纤维薄膜，膜的四边包裹直径为 13mm 的尼龙绳固定在按对角线方向平行布置的钢索上，钢索直径为 76mm，共 18 根，间距约 13m。该结构设计寿命 20 年以上，是第一个被认为是永久性建筑的充气结构。

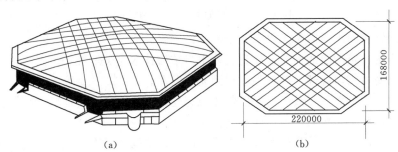

(a)   (b)

图 12.6 美国密执安州庞提亚克体育馆
(a) 外貌；(b) 平面图

12.3 组 合 空 间 结 构

12.3.1 概述

组合空间结构是将桁架结构、拱结构、刚架结构、网架结构、薄壳结构、网壳结构、悬索结构、膜结构等中的 2～3 种不同形式的结构，经过合理的布置组合而成的。组合空间结构使得各种结构充分发挥各自的特长，各种材料取长补短共同工作，从而达到了材尽其用的目的，以实现建筑上的独特造型或结构上的经济合理。组合空间结构有时还可使承重结构与围护结构合二为一，不仅传力合理、技术先进，而且能满足建筑多样化、多功能的要求，因此在大跨度建筑中得到广泛的应用。

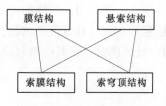

图 12.7　柔性结构之间组合

12.3.2　组合空间结构的组成

组合空间结构可以是柔性结构之间的组合；刚性结构之间的组合，也可以是刚性结构与柔性结构之间的组合，形成多种结构方案，如图 12.7～图 12.9 所示。

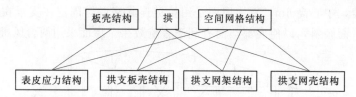

图 12.8　刚性结构之间组合

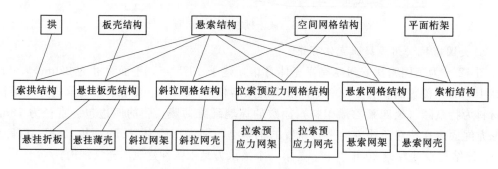

图 12.9　刚性结构与柔性结构组合

组合空间结构的组成需考虑以下几个原则：

（1）应满足建筑功能的需要，使建筑艺术与结构技术完美地统一。

（2）结构受力均匀合理，材料强度得到充分发挥。

（3）结构刚柔相济，并具有良好的整体稳定性。柔性构件抗震性好，刚性构件抗风性好，两者结合，利于结构的动力性能和整体稳定性。

（4）尽量采用预应力等先进的技术手段，以改善结构的受力性能，节省材料，并可使结构更加轻巧。

（5）施工比较简捷，造价比较合理。

12.3.3　组合空间结构的特点

组合空间结构具有以下特点：

（1）组合空间结构可以综合利用各种不同结构在受力性能、建筑造型、综合经济指标等方面的优势。

（2）以刚架、拱、悬索或形成的巨型骨架结构作为网架、网壳、悬索等屋盖结构的支座，可有效地减小网架、网壳或悬索结构的跨度，提高屋盖结构的刚度，从而降低了网架、网壳、悬索结构的材料用量和工程造价。

（3）刚架、拱及悬索或斜拉索的支塔结构具有巨大的外形尺寸，同时也承受很大的荷载，因此其截面形式常为箱形、工字形、槽形等，并常采用劲性钢材或采用预应力技术，这就可有效地保证巨型骨架结构的刚度和承载能力。

（4）组合空间结构的建筑造型活泼明快、易于变化，可以适应多种边界条件，因而乐于为建筑师的所采用。

12.3.4 组合空间结构应用的工程实例

1. 拱—网架组合结构

图 12.10 为江西省体育馆，建筑平面呈八边形，东西长 84.3m，南北宽 74.6m。通过

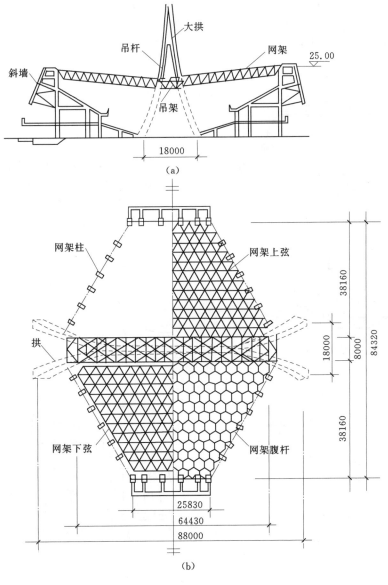

图 12.10 江西省体育馆

（a）剖面图；（b）平面图

在大拱上悬吊一空间桁架作为网架的支座，把一个较大跨度的网架分成了两榀较小跨度的网架。网架一边通过钢桁架悬挂在大拱上，另三边则支承在体育馆周边的看台框架柱上，形成了拱、吊杆桁架与网架组合受力的大跨度空间结构。抛物线拱矢高为 51m，跨度为 88m，正立面呈抛物线形，侧立面呈"人"字形。

　　2. 拱—悬索组合结构

　　图 12.11 为美国耶鲁大学冰球馆，建于 1958 年，采用钢筋混凝土拱与交叉索网的混合结构体系。该建筑除中央有一个 60.4m×25.9m 的溜冰场外，还包括了 3000 个座位的观众席和进出口台阶。垂直布置的钢筋混凝土落地拱作为承重索的中间支座，拱中间高度为 53.4m 截面为 915mm×1530mm，截面的高和宽都是向着支座基础逐渐增加的。承重索的另一端锚固在建筑周边的墙上，外墙沿着溜冰场的两边，形成两垛相对的曲线墙，犹如一个竖向悬臂构件，以承受悬索的拉力。

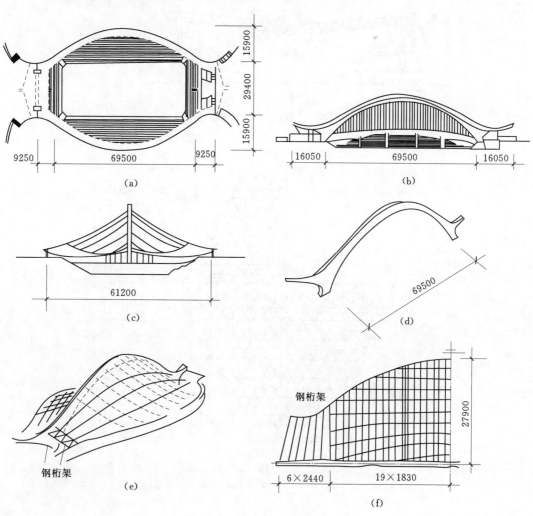

图 12.11　美国耶鲁大学冰球馆

（a）平面图；（b）纵剖面图；（c）横剖面图；（d）拱；（e）透视图；（f）索网布置

3．悬索—拱—交叉索网组合结构

北京朝阳体育馆屋盖结构由中央"索—拱结构"两片预应力鞍形索网组成，索网悬挂在中央"索—拱结构"和外侧的边缘构件之间，如图12.12所示。中央索拱结构由两条悬索和两个格构式的钢拱组成，索和拱的轴线均为平面抛物线，分别布置在相互对称的4个斜平面内，通过水平和竖向连杆两两相连，构成桥式的立体预应力索—拱体系，索和拱的两端支承在4片三角形钢筋混凝土墙上。为了减少中央索—拱结构的跨度，将4片三角形的钢筋混凝土支承墙适当嵌入大厅，将拱的跨度减少到57m。位于中央"索—拱结构"两侧的交叉索网体系，分别锚固在格构式钢拱和外缘的钢筋混凝土边拱上，钢筋混凝土边拱的轴线也是位于斜平面内的抛物线。该屋盖结构的形式十分符合体育馆内部空间的需要，下垂的索网与看台的坡度协调一致，在中央比赛场地的上方，则由于设置了钢拱而得以抬高，以满足体育比赛对高度的要求。

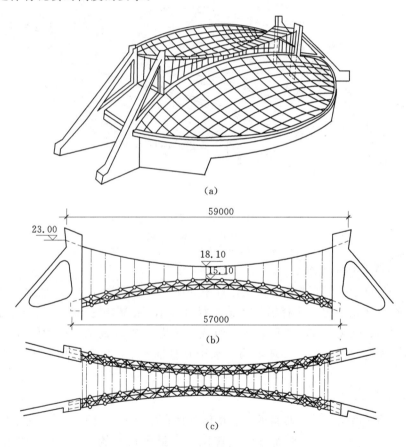

图 12.12　北京朝阳体育馆中央索拱结构

(a) 外貌；(b) 立面图；(c) 平面图

4．悬索—交叉索网组合结构

图12.13为日本代代木体育中心大体育馆，是1964年东京奥运会体育场。这一建筑具有十分奇特的造型，平面呈反对称，屋顶用粗大的钢索形成悬垂的屋脊，钢索支承在两

座混凝土塔架上并通过拉锚锚固在混凝土块上，屋面鞍形索网就支承在中间的钢索和周边的拱上。

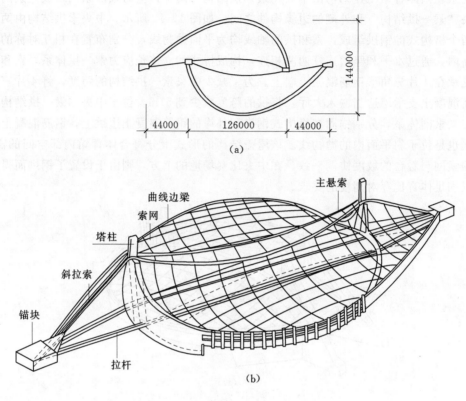

图 12.13 日本代代木体育中心大体育馆

(a) 平面图；(b) 结构全貌

5. 悬索—网壳组合结构

图 12.14 为位于杭州的浙江省黄龙体育中心体育场，屋盖结构采用悬索—网壳组合结构，又称为斜拉网壳结构。体育场外环梁直径 244m，屋盖悬挑 50m，整个屋盖由吊塔、斜拉索、内环梁、网壳、外环梁和稳定索组成。吊塔为 85m 高的预应力钢筋混凝土筒体结构，筒体外侧施加预应力。外环梁为支承于看台框架上，屋面采用轻质彩色单层压型钢板。

6. 悬挂膜结构

图 12.15 为沙特阿拉伯利雅得的法赫德国际体育场的轻型遮阳屋盖，这是世界上最大的悬挂膜结构之一。体育场平面形状呈椭圆形，最大尺寸为 188.7m×128m，面积近 19000m² 。看台约有 66000 个观众席。体育场的屋盖为圆环形，覆盖着整个观众席，比赛场的正中是敞开的，开洞直径 134m，屋盖外围直径 290m。24 根帐篷主桅杆布置在外围直径为 246m 的圆周上。从主桅杆到中心环梁，屋盖的悬臂长度为 56m，主桅杆高 59m，外径 1027mm，壁厚 20mm。边桅杆长 29.7m，外径 900mm，壁厚 30mm。屋盖的膜材料为半透明的玻璃纤维织物加聚四氟乙烯涂层，厚为 1mm。

(a)

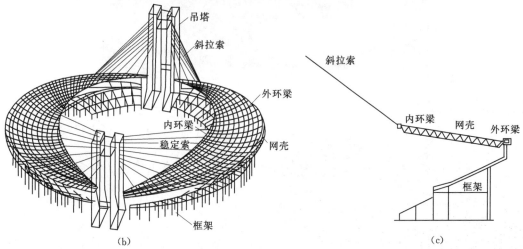

(b)　　　　　　　　　　　　　　　　　(c)

图 12.14　浙江省黄龙体育中心体育场

(a) 外貌；(b) 屋盖结构全貌；(c) 局部剖面

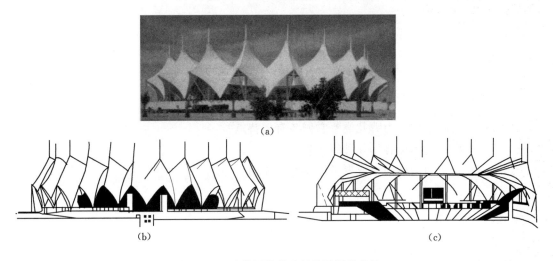

(a)

(b)　　　　　　　　　　　　　　　(c)

图 12.15　沙特阿拉伯法赫德国际体育场

(a) 外貌；(b) 体育场立面；(b) 体育场剖面

157

7. 张拉穹顶结构

图 12.16 为 1996 年美国亚特兰大奥运会体育馆，也称为"佐治亚穹顶"，建筑平面近似为椭圆形，平面尺寸为 240m×192m。其屋盖结构采用了张拉穹顶结构，由联方形索网、3 根环索、桅杆及中央桁架组成，整个结构只有 156 个节点，分别在 78 根压杆的两端。屋盖周边由 4 个弧段组成，端部弧段及中部弧段的半径不等，中央联方形网格形成双曲抛物面。

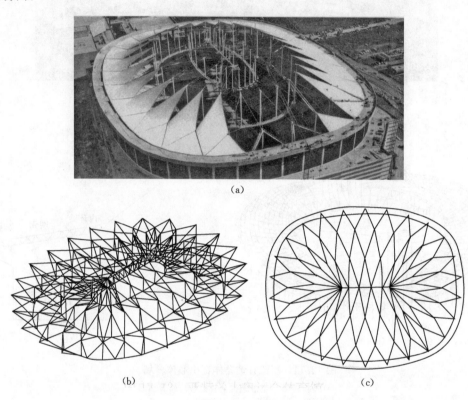

(a)

(b)　　　　　　　　　　　　　　　　(c)

图 12.16　亚特兰大奥运会体育馆
(a) 外貌；(b) 屋盖结构全貌；(c) 屋盖结构平面

思　考　题

12.1　充气膜结构分为哪几类？它们各有何特点？

12.2　组合空间结构有哪几种组合方式？

12.3　组合空间结构的组成要考虑哪几个原则？

第 13 章 　多层与高层建筑结构

13.1　概　　述

多层和高层建筑被广泛地应用在工业与民用建筑中。随着房屋高度的增加，如何有效地提高结构抵抗水平荷载的能力，也就逐渐成为结构选型的主要问题，并必然会对结构体系带来变化。目前在多层和高层建筑中常用的结构体系主要有混合结构、框架结构、剪力墙结构、框架—剪力墙结构、板柱—剪力墙结构和筒体结构等。

高层建筑作为城市发展的象征，至今已有100多年的历史了。直至今天，高层建筑作为城市天空轮廓线的控制点，作为城市发展的新景点，或作为建造业主实力雄厚的象征，得到人们的广泛关注与推崇。因此，高层建筑的设计不仅要考虑建筑功能与结构受力，而且应该考虑到文化、社会、经济、设备技术等各方面的因素，使建筑物发挥出最好的经济效益与社会效益。

我国《高层建筑混凝土结构技术规程》（JGJ 3—2010）规定，10层及10层以上或房屋高度超过28m的住宅建筑以及房屋高度超过24m的其他建筑为高层建筑，当建筑物高度超过100m时为超高层建筑。

高层建筑有以下几个特点：

（1）在相同的建设场地中，建造高层建筑可获得更多的建筑面积。这样可以解决城市用地紧张和地价高涨的问题。

（2）在建筑面积与建设场地面积相同比值的情况下，建造高层建筑比建造多层建筑能够提供更多的空闲地面，可用作绿化和休息场地，有利于美化环境，并带来更充足的日照、采光和通风效果。

（3）从城市建设和管理的角度看，建筑物向高空延伸，可以缩小城市的平面规模，缩短城市道路和各种公共管线的长度，从而节省城市建设与管理的投资。

（4）电梯等机电设备的费用随着建筑物高度的增加而增加，从建筑防火的角度看，高层建筑防火要求高于中低层建筑，也会增加高层建筑的造价和管理费用。

（5）从结构受力特性来看，一方面随着墙柱总高度的增加，内力增加，高层建筑中各构件截面尺寸往往较大；另一方面，侧向荷载（风载和地震作用）所产生的内力与水平位移成为高层建筑结构设计的控制因素。高层建筑的结构分析与设计比中低层建筑复杂得多。

随着高层建筑层数的增加，楼面结构所消耗的材料变化不大；柱或剪力墙等承受竖向荷载的结构所消耗的材料与层数呈线性关系增长；而承受侧向荷载的结构所需要的材料与层数成抛物线关系增长。当结构选型及布置合理，采用合理的建筑高宽比，则材料用量或土建造价可以接受，建筑物得以建成，否则，建筑物就难以建成。

高层建筑结构从整体上说可以看成是底端固定的悬臂柱，承受竖向荷载和侧向水平力的作用，在水平力作用下的侧向位移过大，轻者会导致建筑装修与隔墙的损坏，造成电梯运行困难等，重者会引起主体结构的开裂或破坏。因此，必须对建筑物的侧向位移进行控制，即对建筑物的层间最大位移与层高之比 $\Delta u/h$ 进行控制。根据不同的结构体系，针对不同的侧向力形式，《高层建筑混凝土结构技术规程》（JGJ 3—2010）规定高度不大于 150m 的高层建筑其楼层层间最大位移与层高之比不宜大于表 13.1 的限值。

表 13.1　　　　　　　高层建筑楼层层间最大位移与层高之比的限值

结构体系	$\Delta u/h$ 限值
框架	1/550
框架—剪力墙、框架—核心筒、板柱—剪力墙	1/800
筒中筒、剪力墙	1/1000
除框架结构外的转换层	1/1000

另外，《建筑抗震设计规范》（GB 50011—2010）规定了现浇钢筋混凝土房屋的结构类型和最大高度应符合表 13.2 的要求。钢筋混凝土房屋应根据设防类别、烈度、结构类型和房屋高度采用不同的抗震等级，并应符合相应的计算和构造措施要求。丙类建筑的抗震等级见表 13.3。

表 13.2　　　　　　　现浇钢筋混凝土房屋适用的最大高度　　　　　　单位：m

结构类型		烈　　度				
		6 度	7 度	8 (0.2g) 度	8 (0.3g) 度	9 度
框架		60	50	40	35	24
框架—抗震墙		130	120	100	80	50
抗震墙		140	120	100	80	60
部分框支抗震墙		120	100	80	50	不应采用
筒体	框架—核心筒	150	130	100	90	70
	筒中筒	180	150	120	100	80
板柱—抗震墙		80	70	55	40	不应采用

注　1. "抗震墙"指结构抗侧力体系中的钢筋混凝土剪力墙，不包括只承担重力荷载的混凝土墙。
　　2. 房屋高度指室外地面到主要屋面板板顶的高度（不包括局部突出屋顶部分）。
　　3. 框架—核心筒结构指周边稀柱框架与核心筒组成的结构。
　　4. 部分框支抗震墙结构指首层或底部两层为框支层的结构，不包括仅个别框支墙的情况。
　　5. 表中框架，不包括异形柱框架。
　　6. 板柱—抗震墙结构指板柱、框架和抗震墙组成的抗侧力体系的结构。
　　7. 乙类建筑可按本地区抗震设防烈度确定其适用的最大高度。
　　8. 超过表内高度的房屋，应进行专门研究和论证，采取有效地加强措施。

表 13.3 现浇钢筋混凝土房屋的抗震等级

结构类型		设 防 烈 度									
		6度		7度			8度			9度	
框架结构	高度（m）	≤24	>24	≤24	>24		≤24	>24		≤24	
	框架	四	三	三	二		二	一		一	
	大跨度框架	三		二			一			一	
框架—抗震墙结构	高度（m）	≤60	>60	≤24	25~60	>60	≤24	25~60	>60	≤24	25~50
	框架	四	三	四	三	二	三	二	一	二	一
	抗震墙	三		三			二			一	
抗震墙结构	高度（m）	≤80	>80	≤24	25~80	>80	≤24	25~80	>80	≤24	25~60
	剪力墙	四	三	四	三	二	三	二	一	二	一
部分框支抗震墙结构	高度（m）	≤80	>80	≤24	25~80	>80	≤24	25~80			
	抗震墙 一般部位	四	三	四	三	二	三	二			
	抗震墙 加强部位	三	二	三	二	一	二	一			
	框支层框架	二		二			一				
框架—核心筒结构	框架	三		二							
	核心筒	二		一							
筒中筒结构	外筒	三		二							
	内筒	三		二							
板柱—抗震墙结构	高度（m）	≤35	>35	≤35	>35		≤35	>35			
	框架、板柱的柱	三	二	二	二		二	一			
	抗震墙	二	二	二	二		二	一			

注 1. 建筑场地为Ⅰ类时，除6度外应允许按表内降低1度所对应的抗震等级采取抗震构造措施，但相应的计算要求不应降低。
2. 接近或等于高度分界时，应允许结合房屋不规则程度及场地、地基条件确定抗震等级。
3. 大跨度框架指跨度不小于18m的框架。
4. 高度不超过60m的框架—核心筒结构按框架—抗震墙的要求设计时，应按表中框架—抗震墙结构的规定确定其抗震等级。

13.2 砌体结构与混合结构

13.2.1 砌体结构

砌体结构是把砖、石、砌块等块材用砂浆通过人工砌筑而成的结构，按块材的不同可分为砖砌体、石砌体和砌块砌体三大类。砌体结构具有良好的耐火、保温、隔声和抗腐蚀性能，易于取材，具有生产和施工工艺简单、较为经济等优点。其缺点是自重大、强度低、抗震抗裂性能差、生产效率低、采挖粘土、占用农田等。

砖可分为实心砖和空心砖，孔隙率小于15%的砖称为空心砖，如图13.1所示。

按照砌体的作用、材料及砌筑方法的不同，砌体可分为承重砌体与非承重砌体，砖砌体、石砌体与砌块砌体，实心砌体与空斗砌体，无筋砌体与配筋砌体等。

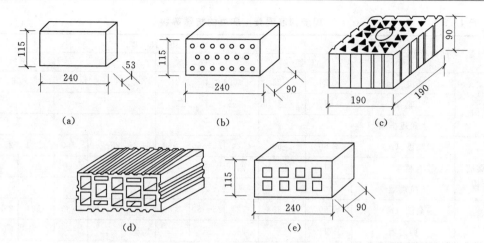

图 13.1　部分地区砖的规格

（a）烧结普通砖；（b）P 形多孔砖；（c）M 形多孔砖；（d）烧结空心砖；（e）混凝土多孔砖

　　配筋砌体可以提高砌体的强度和变形能力，如图 13.2～图 13.4 所示。此外，还可以在砌体构件的受拉和受压区用钢筋混凝土或配筋砂浆代替一部分砌体原有面积，并与原砌体共同工作，称为组合砌体，如图 13.5 所示。也可以在砌体墙中加设构造柱和圈梁，增加对砌体的约束，提高房屋抵抗不均匀沉降的能力和抗震能力。构造柱和圈梁的设置要求见表 13.4 和表 13.5。

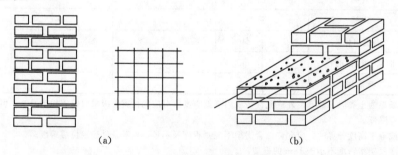

图 13.2　砖柱和砖墙灰缝中水平配筋

（a）砖柱灰缝中配置水平钢筋网；（b）砖墙灰缝中配置水平钢筋

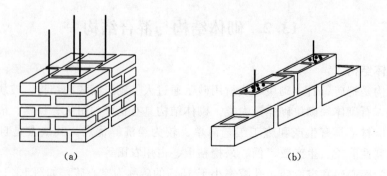

图 13.3　砖砌体竖向配筋

（a）竖向灰缝中配筋；（b）空心砖竖孔配筋并浇灌混凝土

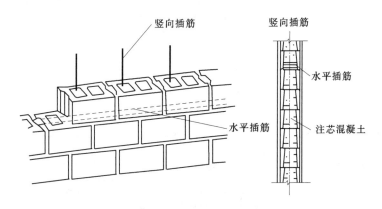

图 13.4　砌块砌体配筋

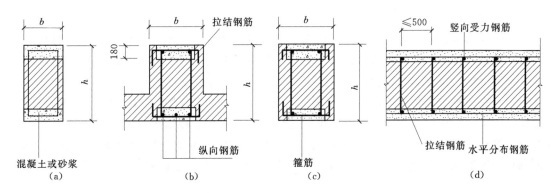

图 13.5　组合砌体
(a)、(b)、(c) 砖柱和钢筋混凝土或配筋砂浆面层组合；
(d) 砖墙和钢筋混凝土或配筋砂浆面层组合

表 13.4　　　　　　　　　多层砖砌体房屋构造柱设置要求

房　屋　层　数				设　置　部　位	
6 度	7 度	8 度	9 度		
四、五	三、四	二、三		楼、电梯间四角，楼梯斜梯段上下端对应的墙体处；外墙四角和对应转角；错层部位横墙与外纵墙交接处；大房间内外墙交接处；较大洞口两侧	隔 12m 或单元横墙与外纵墙交接处；楼梯间对应的另一侧内横墙与外纵墙交接处
六	五	四	二		隔开间横墙（轴线）与外墙交接处；山墙与内纵墙交接处
七	≥六	≥五	≥三		内墙（轴线）与外墙交接处；内墙的局部较小墙垛处；内纵墙与横墙（轴线）交接处

注　1. 较大洞口，内墙指不小于 2.1m 的洞口。
　　2. 外墙在内外墙交接处已设置构造柱时应允许适当放宽，但洞侧墙体应加强。

163

表 13.5　　　　　　　　多层砖砌体房屋现浇钢筋混凝土圈梁设置要求

墙　类	烈　　度		
	6 度、7 度	8 度	9 度
外墙和内纵墙	屋盖处及每层楼盖处	屋盖处及每层楼盖处	屋盖处及每层楼盖处
内横墙	同表 13.4 屋盖处间距不应大于 4.5m； 楼盖处间距不应大于 7.2m； 构造柱对应部位	同表 13.4 各层所有横墙，且间距不应大于 4.5m； 构造柱对应部位	同表 13.4 各层所有横墙

注　1. 圈梁应闭合，遇有洞口应上下搭接，圈梁宜与预制板设在同一标高处或紧靠板底。

2. 如在本表规定间距内无横墙时，应利用梁或板缝中配筋代替圈梁。

3. 圈梁的高度不应小于 120mm，基础圈梁截面高度不应小于 180mm。

13.2.2　混合结构

混合结构是指由砌体结构作为竖向承重结构（墙体、柱子），由钢筋混凝土结构、木结构或钢结构作为水平向承重结构（楼盖、屋盖）所组成的房屋结构。多层混合结构房屋根据承重墙的布置方式的不同，可分为以下 4 种结构布置方案：

（1）纵墙承重体系：如图 13.6 所示，楼屋面大梁放在纵墙壁柱上，楼板及屋面板放置在大梁上，形成纵墙承重体系。楼屋面荷载通过大梁传至纵墙壁柱。其优点是横墙少，建筑平面布置较灵活。缺点是因纵墙承重，设置在纵墙上的门窗洞口大小和位置受到一定限制；房屋的横向刚度小，整体性较差。多用于中小型单层工业厂房、仓库和食堂等建筑。

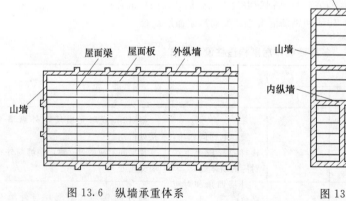

图 13.6　纵墙承重体系

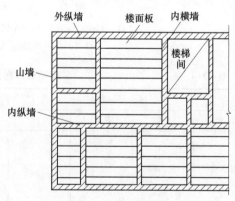

图 13.7　横墙承重体系

（2）横墙承重体系：如图 13.7 所示，楼、屋面荷载直接传给横墙，因此横墙不能随意拆除。其优点是横墙多且间距小，又有纵墙拉结，故房屋的空间刚度大，整体性较好，具有良好的抗风、抗震性能及调整地基不均匀沉降的能力。缺点是横墙占面积多，房屋的平面布置灵活性差。多用于宿舍、住宅等民用建筑。

（3）纵横墙承重体系：如图 13.8 所示，纵、横墙共同承担楼、屋面荷载。其优点是既可保证有灵活布置的房间，又有较大的空间刚度和整体性。多用于教学楼、办公楼、医院等民用建筑。

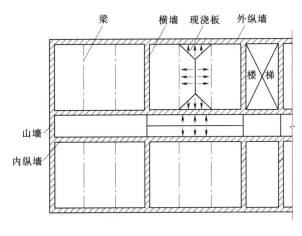

图 13.8 纵横墙承重体系

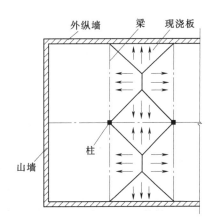

图 13.9 内框架承重体系

(4) 内框架承重体系：如图 13.9 所示，外墙与内柱共同承担楼、屋面荷载。其优点是无内墙，建筑平面布置灵活。缺点是由于外墙与内柱有时材料不同，基础形式亦不同，容易引起不均匀沉降；房屋的空间刚度小，整体性较差。多用于非抗震地区的中小型工业厂房、仓库和食堂等建筑。

另外，沿街住宅的底层常常布置商场，亦即需要在底层具有大空间。为了满足这种要求，结构布置时一般可将上部住宅部分布置成为横墙承重或纵墙承重或纵横墙承重的结构体系，而将底层商场的部分墙体抽掉改为框架承重，即成为底层框架上部砌体结构。这种房屋底层为框架承重，属柔性结构；上部为墙体承重，属刚性结构，由于上下两部分的抗侧刚度相差悬殊，对结构抗震及其不利。

在结构布置中，应优先选用横墙承重或纵横墙承重的方案。由于砌体结构的抗震性能较差，故《建筑抗震设计规范》（GB 50011—2010）规定了多层砌体房屋的层数和总高度限值以及房屋抗震横墙的最大间距，见表 13.6 和表 13.7。为了限制砌体结构门窗开得过宽而削弱墙体的抗震能力，墙体的局部尺寸不能太小，房屋的局部尺寸限值见表 13.8。

表 13.6 房屋的层数和总高度限值

房屋类别		最小抗震墙厚度（mm）	烈度和设计基本地震加速度											
			6 度		7 度				8 度				9 度	
			0.05g		0.10g		0.15g		0.20g		0.30g		0.40g	
			高度（m）	层数	高度（m）	层数	高度（m）	层数	高度（m）	层数	高度（m）	层数	高度（m）	层数
多层砌体房屋	普通砖	240	21	7	21	7	21	7	18	6	15	5	12	4
	多孔砖	240	21	7	21	7	18	6	18	6	15	5	9	3
	多孔砖	190	21	7	18	6	15	5	15	5	12	4	—	—
	小砌砖	190	21	7	21	7	18	6	18	6	15	5	9	3

续表

房屋类别		最小抗震墙厚度（mm）	烈度和设计基本地震加速度										
			6 度		7 度				8 度				9 度	
			0.05g		0.10g		0.15g		0.20g		0.30g		0.40g	
			高度（m）	层数	高度（m）	层数	高度（m）	层数	高度（m）	层数	高度（m）	层数	高度（m）	层数
底部框架—抗震墙砌体房屋	普通砖多孔砖	240	22	7	22	7	19	6	16	5	—	—	—	—
	多孔砖	190	22	7	19	6	16	5	13	4	—	—	—	—
	小砌块	190	22	7	22	7	19	6	16	5	—	—	—	—

注　1. "—"表示不宜采用。

2. 房屋的总高度指室外地面到主要屋面板板顶或檐口的高度，半地下室从地下室室内地面算起，全地下室和嵌固条件好的半地下室应允许从室外地面算起；对带阁楼的坡屋面应算到山尖墙的 1/2 高度处。

3. 室内外高差大于 0.6m 时，房屋的总高度应允许比表中的数据适当增加，但增加量应少于 1.0m。

4. 乙类的多层砌体房屋仍按本地区设防烈度查表，其层数应减少一层且总高度应降低 3m；不应采用底部框架—抗震墙砌体房屋。

5. 本表小砌块砌体房屋不包括配筋混凝土小型空心砌块砌体房屋。

表 13.7　　　　　　　　　房屋抗震横墙的间距　　　　　　　单位：m

房 屋 类 别		烈　　度			
		6 度	7 度	8 度	9 度
多层砌体房屋	现浇或装配整体式钢筋混凝土楼、屋盖	15	15	11	7
	装配式钢筋混凝土楼、屋盖	11	11	9	4
	木屋盖	9	9	4	—
底部框架—抗震墙砌体房屋	上部各层	同多层砌体房屋			
	底层或底部两层	18	15	11	—

注　1. 多层砌体房屋的顶层，除木屋盖外的最大横墙间距应允许适当放宽，但应采取相应加强措施。

2. 多孔砖抗震横墙厚度为 190mm 时，最大横墙间距应比表中数值减少 3m。

表 13.8　　　　　　　　　房屋的局部尺寸限值　　　　　　　单位：m

部 位	6 度	7 度	8 度	9 度
承重窗间墙最小宽度	1.0	1.0	1.2	1.5
承重外墙尽端至门窗洞边的最小距离	1.0	1.0	1.2	1.5
非承重外墙尽端至门窗洞边的最小距离	1.0	1.0	1.0	1.0
内墙阳角至门窗洞边的最小距离	1.0	1.0	1.5	2.0
无锚固女儿墙（非出入口处）的最大高度	0.5	0.5	0.5	0.0

注　1. 局部尺寸不足时，应采取局部加强措施补救，且最小宽度不宜小于 1/4 层高和表列数据的 80%。

2. 出入口处的女儿墙应有锚固。

13.3 框 架 结 构

13.3.1 框架结构的组成

框架结构是由竖向柱子和水平横梁所组成，梁与柱为刚性连接，柱与基础一般也为刚性连接。框架梁的截面形式多为矩形或 T 形，当楼、屋面板为预制板时，为减少结构所占的高度，增加建筑净空，框架梁截面常设计成"十"字形或花篮形，各种梁截面如图 13.10 所示。

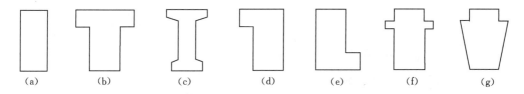

图 13.10 框架梁截面形式

(a) 矩形梁；(b) T 形梁；(c) 工字形梁；(d) 倒 L 形梁；(e) L 形梁；(f) 十字形梁；(g) 花篮梁

框架梁的截面尺寸宜符合下列要求：

(1) 截面宽度不宜小于 200mm。

(2) 截面的高宽比不宜大于 4。

(3) 净跨与截面的高度之比不宜小于 4。

梁的截面高度可按计算跨度的 1/10～1/18 确定。

框架梁一般为水平方向布置，有时为便于屋面排水或由于建筑造型等要求，也可布置成斜梁。为利于结构受力，同一轴线上的梁宜拉通、对直，并与柱轴线位于同一铅垂平面内，如图 13.11 所示。上下层框架柱的截面形心宜位于同一铅垂线上，否则，上柱的轴力会对下柱产生附加弯矩。同时，框架柱网布置宜上下一致，当某些层需要大空间而改变柱网，使上下层柱轴不一致时，常常会给结构带来较大的影响。

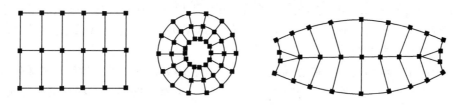

图 13.11 框架结构梁、柱平面布置

框架柱的截面形式多为矩形，有时由于建筑上的要求，也可设计成圆形、八角形、L 形、T 形等。

框架柱的截面尺寸，宜符合下列要求：

(1) 矩形截面柱的边长，非抗震设计时不宜小于 250mm，抗震设计时，抗震等级为四级或不超过 2 层时不宜小于 300mm，抗震等级为一、二、三级且超过 2 层时不宜小于 400mm。

（2）圆柱的直径，非抗震设计时不宜小于 350mm，抗震设计时，抗震等级为四级或不超过 2 层时不宜小于 350mm，抗震等级为一、二、三级且超过 2 层时不宜小于 450mm。

（3）剪跨比宜大于 2。

（4）截面长边与短边的边长之比不宜大于 3。

非抗震设计时，框架柱截面边长可近似取 $h_c=（1/20 \sim 1/15）h_i$，其中 h_i 为层高。抗震设计时，通过限制框架柱的轴压比来保证框架结构满足延性要求，因此框架柱的截面尺寸可根据柱的轴压比估算，轴压比指考虑地震作用组合的轴向压力设计值与柱全截面面积和混凝土轴心抗压强度设计值乘积的比值。

$$\frac{N}{f_c A_c} \leqslant [\mu_N] \tag{13.1}$$

式中　A_c——柱截面面积；

f_c——混凝土轴心抗压强度设计值；

$[\mu_N]$——框架柱轴压比限值，对一、二、三、四级抗震等级，分别取 0.65、0.75、0.85、0.9；

N——地震作用组合下的柱轴向压力设计值，可根据框架柱的负荷面积按竖向荷载计算，再乘以增大系数而得，即

$$N = \beta A g_E n \tag{13.2}$$

式中　A——按简支状态计算的柱的负荷面积；

g_E——折算在单位面积上的重力荷载代表值，近似取 $12 \sim 15 kN/m^2$；

β——考虑地震作用组合后柱的轴向压力增大系数，边柱取 1.3，不等跨内柱取 1.25，等跨内柱取 1.2；

n——验算截面以上楼层层数。

13.3.2　框架结构的分类

框架结构按所用材料的不同，可分为钢框架和钢筋混凝土框架。

钢框架一般是在工厂预制好单个构件后，在施工现场再通过焊接、铆接或螺栓连接形成整体结构。它具有自重轻、抗震性能好、施工速度快等优点；缺点是用钢量大、造价高、耐火、耐水、耐腐蚀性能差。

钢筋混凝土框架结构具有造价低廉、取材方便、耐久性好、可模性好、整体性好等优点，缺点是自重大、抗裂性差。为减少梁截面高度，可对钢筋混凝土框架梁施加预应力，另外，还可采用劲性钢筋混凝土框架结构和钢与混凝土组合框架结构等。

钢筋混凝土框架结构按施工方法的不同可分为以下几种：

（1）现浇整体式框架即梁、板、柱全部在现场浇筑。它的整体性和抗震性能好，缺点是现场施工工作量大，需大量的模板。在地震区，现浇框架为首选。

（2）半现浇式框架是指梁、柱为现浇，楼板为预制，由于楼盖采用了预制板，因此可大大减少现场浇捣混凝土的工作量，节省了大量模板，同时可实现楼板的工厂化生产，提高施工效率，降低工程成本。

（3）装配式框架是指梁、柱、楼板均为预制，现场只进行装配。这样可实现标准化、

工厂化、机械化生产，加快施工速度。但它的整体性较差，抗震能力弱，不宜在地震区使用。

（4）装配整体式框架是指梁、柱、楼板均为预制，在吊装就位后，焊接或绑扎节点区钢筋，并在现场浇捣混凝土，形成框架节点，将梁、柱及楼板连成整体。装配整体式框架既具有良好的整体性和抗震能力，又可采用预制构件，减少现场浇捣混凝土的工作量，且可省去接头连接件，用钢量少，因此，它兼有现浇式框架和装配式框架的优点，但节点施工较复杂。

13.3.3 框架结构的布置

13.3.3.1 柱网布置

框架结构的柱网布置既要满足生产工艺流程和建筑平面布置的要求，又要使结构受力合理，施工方便。

1. 柱网布置应满足生产工艺流程的要求

在多层工业厂房设计中，生产工艺流程的布置是厂房平面设计的主要依据，如图13.12所示。

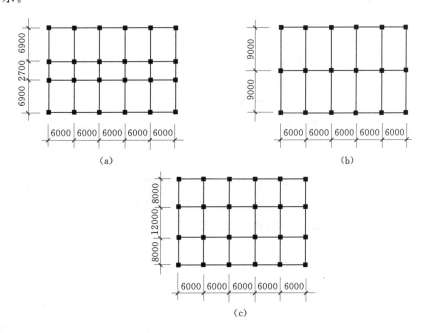

图 13.12 多层工业厂房中的柱网布置
（a）内廊式柱网；（b）等跨式柱网；（c）不等跨式柱网

2. 柱网布置应满足建筑平面布置的要求

对于各种平面的建筑物，结构布置应满足建筑功能及建筑造型的要求。建筑内部柱网的布置应与建筑分隔墙布置相协调，建筑周边柱子的布置应与建筑外立面造型要求相协调。在旅馆建筑或办公楼建筑设计中，若建筑平面两边为客房或两边为办公室，中间为走道，这时可将中柱布置在走道两侧，即为三跨框架，而当房屋进深较小时，亦可取消一排柱子，布置成为两跨框架。如图 13.13 所示。

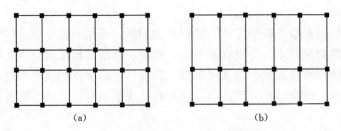

（a）　　　　　　　　　　　　　　（b）

图 13.13　多层旅馆或办公楼建筑中的柱网布置

（a）三跨框架布置；（b）两跨框架布置

3. 柱网布置应使结构受力合理

多层框架主要承受竖向荷载，柱网布置时应考虑到结构在竖向荷载作用下内力分布均匀合理。图 13.13 所示的两种框架结构布置在竖向荷载作用下，三跨框架比两跨框架受力要均匀；但当结构跨度较小、层数少、荷载小时，三跨框架往往仅按构造要求来确定截面尺寸及配筋量，这样不够经济。

纵向柱列的布置对结构受力也有较大影响，框架柱网的纵向柱列距一般为建筑开间，但当开间较小、层数较少时，柱的截面设计常按构造配筋，材料强度不能充分利用。同时过小的柱距也使建筑平面难以灵活布置。为此，可考虑每两个开间设一个柱子。

4. 柱网布置应使施工方便

建筑设计及结构布置时均应考虑到施工方便，以加快施工进度，降低工程造价。现浇框架结构可不受建筑模数和构件标准的限制，但在结构布置时亦应尽量减少梁、板单元的种类，以方便施工。

13.3.3.2　承重框架的布置

框架结构是一个空间受力体系。为方便起见，可以把框架看成由纵向和横向两个平面框架所组成。纵向框架和横向框架分别承受各自方向上的水平荷载，而楼面竖向荷载则根据楼盖结构布置方式向不同的方向传递，如：现浇板向距离较近的梁上传递；对预制板则向搁置的梁上传递。

根据不同的楼板布置方式，有以下几种承重方案：

1. 横向框架承重方案

横向框架承重方案是在横向布置框架主梁，以支承楼板，在纵向布置连系梁，如图 13.14（a）所示。该方案横向框架跨数少，主梁沿横向布置有利于提高建筑物的横向抗测刚度。而纵向框架跨数较多，往往按构造要求布置连系梁即可，有利于房屋室内的采光和通风。

2. 纵向框架承重方案

纵向框架承重方案是在纵向布置框架主梁，以承受楼板传来的荷载，在横向布置连系梁，如图 13.14（b）所示。该方案横梁高度较小，有利于设备管线的穿行，可获得较高的室内净高；缺点是房屋的横向刚度较差。

3. 纵横向框架混合承重方案

纵横向框架混合承重方案是在纵横两个方向均布置主梁以承受楼面荷载，如图 13.14

（c）所示。该方案具有较好的整体工作性能；框架柱均为双向偏心受压构件，为空间受力体系，因此也称为空间框架。

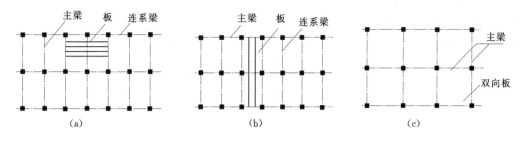

图 13.14　承重框架布置方案

（a）横向承重；（b）纵向承重；（c）纵横向承重

13.3.4　框架结构的受力特点

1. 普通框架的受力特点

最常见的框架结构计算简图如图 13.15（a）所示；在竖向荷载作用下弯矩如图 13.15（b）所示；在水平荷载（左风）作用下弯矩如图 13.15（c）所示；在水平荷载（左风）作用下变形如图 13.15（d）所示。

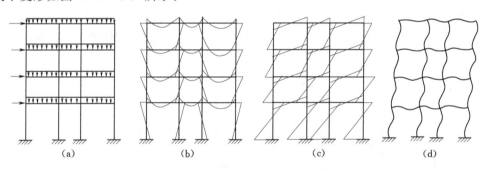

图 13.15　框架结构的计算简图及弯矩、变形

（a）计算简图；（b）竖向荷载作用下弯矩；（c）水平荷载（左风）作用下弯矩；

（d）水平荷载（左风）作用下变形

与其他结构体系相比，框架结构具有布置灵活、造型活泼，容易满足建筑使用功能的要求等优点。但由于框架结构的构件断面尺寸较小，结构的抗侧刚度较小，水平位移大，在地震作用下容易由于大变形而引起非结构构件的损坏，因此其房屋高度受到限制，在非地震区不宜超过 60m，在地震区不宜超过 50m。

在荷载的共同作用下，控制框架梁配筋设计的内力为跨中截面的正弯矩，两端支座截面的负弯矩和剪力。框架柱则应考虑柱上端截面与柱下端截面的弯矩、剪力和轴力。

2. 底层大空间框架的受力特点

有时由于建筑使用功能上的要求，例如上部为办公楼，底层为商场，要求在底层抽掉部分框架柱，以扩大建筑空间，如图 13.16（a）所示。这样会带来两个问题：一是在竖向荷载作用下，中间抽掉的柱子上的轴向力将通过转换大梁传给两侧的落地柱，因此该转换大梁的受力较复杂，且梁高也往往很大，给建筑立面处理带来一定困难。有时也可以用

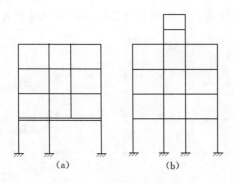

图 13.16　框架结构的变化

桁架代替该转换大梁，以方便转换层的采光和使用。二是底层落地柱所承受的侧向荷载突然增大，因此，落地柱的刚度（柱尺寸）应增加。

3. 带小塔楼框架的受力特点

带小塔楼的框架如图 13.16（b）所示。在非地震区，带小塔楼的建筑结构的设计只要搞清楚竖向荷载传递路线即可。而在地震区，由于小塔楼部分的刚度、质量与下部建筑物有较大突变，地震时，小塔楼会产生鞭梢效应。突出部分的体型愈细长、占整个房屋重量的比例愈小，则这种影响也愈大。

框架结构按抗震设计时，不应采用部分由砌体墙承重之混合形式。框架结构中的楼、电梯间及局部出屋顶的电梯机房、楼梯间、水箱间等，应采用框架承重，不应采用砌体墙承重。

4. 错层框架结构的受力特点

错层框架结构如图 13.17 所示。其中图 13.17（a）、（b）是由于建筑物各部分之间层高不一致造成的，图 13.17（c）则是由于建筑物局部断梁造成的。错层框架对抗震不利。在地震作用下，由于两侧横梁的标高不一致而形成短柱，易发生脆性的剪切破坏，在设计中应予以避免。

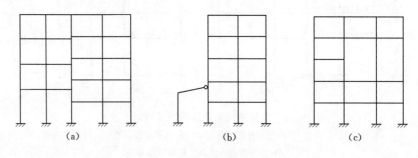

图 13.17　错层框架结构

13.4　剪力墙结构

剪力墙结构是利用建筑物的外墙和永久性内隔墙的位置布置钢筋混凝土承重墙，剪力墙既承受竖向荷载，又承受水平荷载。剪力墙能提供较大的抗侧力刚度，在水平力作用下，位移较框架结构小。在地震区，水平力主要由地震作用产生，因此，剪力墙有时也称为抗震墙。《高层建筑混凝土结构技术规程》（JGJ 3—2010）规定剪力墙结构应具有适宜的侧向刚度，其布置应符合下列要求：

（1）平面布置宜简单、规则，宜沿两个主轴方向或其他方向双向布置，两个方向的侧向刚度不宜相差过大，如图 13.18 所示。抗震设计时，不应采用仅单向有墙的结构布置。

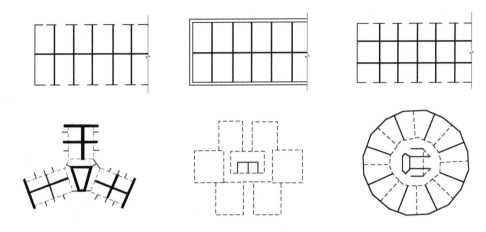

图 13.18　剪力墙结构的布置

（2）宜自下到上连续布置，避免刚度突变。

（3）门窗洞口宜上下对齐、成列布置，形成明确的墙肢和连梁；宜避免造成墙肢宽度相差悬殊的洞口设置。

剪力墙不宜过长，较长剪力墙宜设置跨高比较大的连梁将其分成长度较均匀的若干墙段，各墙段的高度和墙段的长度之比不宜小于 3，墙段长度不宜大于 8m。

剪力墙的横截面（即水平面）一般是狭长的矩形。有时将纵横墙相连，则形成 Z 形、T 形、工形、U 形、L 形等，如图 13.19 所示。剪力墙的墙厚在高度方向可以逐步减少，但要注意避免突减很多，为防止剪力墙在两层楼盖之间发生失稳破坏，《建筑抗震设计规范》（GB 50011—2010）规定抗震墙的厚度，抗震等级为一、二级不应小于 160mm 且不宜小于层高或无支长度的 1/20，抗震等级为三、四级不应小于 140mm 且不宜小于层高或无支长度的 1/25。无端柱或翼墙时，抗震等级为一、二级不宜小于层高或无支长度的1/16，抗震等级为三、四级不宜小于层高或者无支长度的 1/20。

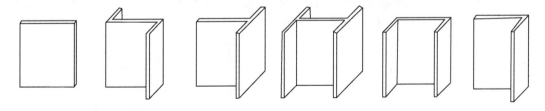

图 13.19　剪力墙截面的形式

剪力墙常因开门开窗、穿越管线而需要开洞，这时应尽量使洞口上下对齐、布置规则，洞与洞之间、洞到墙边的距离不能太小。剪力墙结构常用于高层住宅和旅馆建筑中，其布置如图 13.18 所示。

因地震水平荷载的作用方向是任意的，故在建筑物中的纵横两个方向都应布置剪力墙，且各榀剪力墙应尽量拉通对直，竖向剪力墙应伸至基础。

剪力墙应避免在竖向出现刚度突变，但有时往往做不到。如沿街的高层住宅中，常在底层或底部若干层布置商店，这就需要在建筑物底部取消部分剪力墙以形成较大空间，为了满足建筑上的这一要求，在结构布置时，可将部分剪力墙落地、部分剪力墙在底部改为框架，即成为部分框支剪力墙结构，如图 13.20 所示。在设防烈度 9 度区，不应采用此种体系。

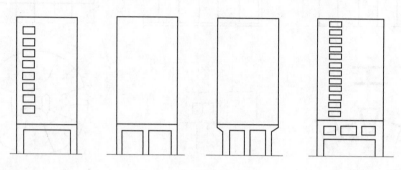

图 13.20　框支剪力墙结构

部分框支抗震墙结构指首层或底部两层为框支层的结构，不包括仅个别框支墙的情况。因部分剪力墙在底部被取消，从而使结构刚度突然削弱，这时应采取措施，如增加落地剪力墙的厚度，提高落地剪力墙的混凝土强度等级，同时应控制落地剪力墙的数量与间距，框支剪力墙榀数不宜多于同一方向上全部剪力墙榀数的 50%，落地剪力墙的间距不宜大于建筑物宽度的 2.5 倍。此外要提高转换层附近楼盖的强度及刚度，板厚不宜小于 180mm。

在竖向荷载作用下，各榀剪力墙分别承受各层楼盖结构传来的作用力，剪力墙相当于受压柱，在水平荷载作用下，剪力墙受力性能主要与开洞大小有关，如图 13.21 所示。当剪力墙开洞较小时，如图 13.21 （a） 所示，剪力墙的整体工作性能较好，整个剪力墙犹如一个竖向放置的悬臂杆，这类剪力墙称为整截面剪力墙。如果剪力墙开洞面积很大，如图 13.21 （d） 所示，连系梁和墙肢的刚度均比较小，整个剪力墙的受力与变形接近于框架，这类剪力墙称为壁式框架。当剪力墙开洞介于两者之间时，则剪力墙在侧向荷载作用下的受力特性也介于上述两者之间。这一范围内的剪力墙可分为整体小开口剪力墙和双肢剪力墙，如图 13.21 （b）、（c） 所示。

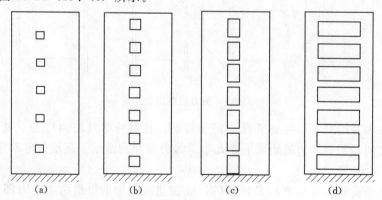

图 13.21　剪力墙开洞大小的变化

（a） 小开洞剪力墙；（b） 整体小开洞剪力墙；（c） 双肢剪力墙；（d） 大开洞剪力墙

13.5　框架—剪力墙结构

框架—剪力墙结构是由框架和剪力墙共同作为承重结构的受力体系。房屋的竖向荷载分别由框架和剪力墙共同承担，而水平作用主要由抗侧刚度较大的剪力墙承担。这种结构既具有框架结构布置灵活、使用方便的特点，又有较大的刚度和较强的抗震能力，因而被广泛应用于高层办公建筑和旅馆建筑中。

框架—剪力墙结构可采用下列形式：

（1）框架与剪力墙（单片墙、联肢墙或较小井筒）分开布置；

（2）在框架结构的若干跨内嵌入剪力墙（带边框剪力墙）；

（3）在单片抗侧力结构内连续分别布置框架和剪力墙；

（4）以上两种或三种形式的混合。

框架—剪力墙结构布置的关键是剪力墙的数量及位置。从建筑布置角度看，减少剪力墙数量则可使建筑布置更灵活。但从结构的角度看，剪力墙往往承担了大部分的侧向力，对结构抗侧刚度有明显的影响，因而剪力墙数量不能过少。《高层建筑混凝土结构技术规程》（JGJ 3—2010）规定框架—剪力墙结构中的横向剪力墙沿长度方向的间距宜满足表 13.9。

表 13.9　　　　　　　　　　　剪力墙间距

楼盖形式	非抗震设计（取较小值）	抗震设防烈度		
		6 度、7 度（取较小值）	8 度（取较小值）	9 度（取较小值）
现浇	5.0B，60	4.0B，50	3.0B，40	2.0B，30
装配整体	3.5B，50	3.0B，40	2.5B，30	—

注　1. 表中 B 为剪力墙之间的楼盖宽度（m）。

　　2. 装配整体式楼盖的现浇层应符合本规程第 3.6.2 条的有关规定。

　　3. 现浇层厚度大于 60mm 的叠合楼板可作为现浇板考虑。

　　4. 当房屋端部未布置剪力墙时，第一片剪力墙与房屋端部的距离，大宜大于表中剪力墙间距的 1/2。

框架—剪力墙结构又称为框架—抗震墙结构，《建筑抗震设计规范》（GB 50011—2010）规定框架—抗震墙结构的抗震墙厚度不应小于 160mm 且不宜小于层高或无支长度的 1/20，底部加强部位的抗震墙厚度不应小于 200mm 且不宜小于层高或无支长度的 1/16。

为了保证框架与剪力墙能够共同承受侧向荷载作用，楼盖结构在其平面内的刚度必须得到保证，当在侧向荷载作用下，楼盖除了连接各榀框架和剪力墙，还要协调各榀框架和剪力墙之间的变形并保证二者变形一致。

框架—剪力墙结构应设计成双向抗侧力体系，抗震设计时结构两主轴方向均应布置剪力墙。对矩形平面的建筑，剪力墙应沿房屋的纵横两个方向布置，以承受各个方向的地震作用或风荷载，剪力墙宜布置在房屋平面形状变化处、刚度变化处、楼梯间或电梯间，以及荷载较大的地方，并尽量布置在建筑物的端部，以加大抗扭能力。图 13.22（a）的两

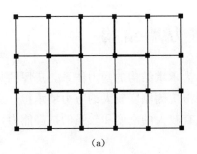
（a）

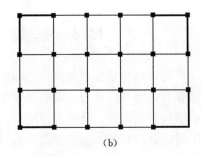
（b）

图 13.22　剪力墙的不同布置

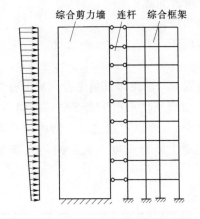

图 13.23　框架—剪力墙结构计算简图

道剪力墙集中布置在建筑平面的中部，而图 13.22（b）的两道剪力墙布置在建筑平面的两端，这两个结构方案具有同样的抗侧刚度，但图 13.22（b）比图 13.22（a）抗扭能力大。

框架—剪力墙结构的计算简图如图 13.23 所示，可把所有的框架等效成综合框架，而把剪力墙等效成综合剪力墙，两者之间用刚性连杆连接。这样就把实际的空间结构简化为平面结构来加以分析。

板柱—剪力墙结构的楼板采用无梁楼盖形成板柱，其结构计算与框架—剪力墙结构相似。

13.6　筒　体　结　构

筒体结构包括以下几种：框筒结构、筒中筒结构、框架—端筒结构、框架—核心筒结构、多重筒结构和束筒结构等，如图 13.24 所示。

1. 框筒结构

框筒结构是由周边密柱和高跨比很大的窗裙梁所组成的空腹筒结构，如图 13.24（a）所示。框筒结构在侧向荷载作用下，不但与侧向力相平行的框架受力，而且与侧向力相垂直方向的框架也参与工作，形成一个空间受力体系。其角柱的截面尺寸往往较大，起着连接两个方向框架的作用。为减少楼盖结构的内力和挠度，中间往往要布置一些柱子，以承受楼面竖向荷载。

2. 筒中筒结构

在高层建筑中，常把电梯间、楼梯间及设备井道布置于房屋的中间，故可把墙体采用钢筋混凝土墙，形成核心筒，它既能承受竖向荷载，又能承受水平力作用。核心筒一般不单独作为承重结构，而是与其他结构组合形成新的结构形式。当把框筒结构与核心筒结合在一起时，便成为筒中筒结构。如图 13.24（b）所示。筒中筒结构的建筑高度不宜低于80m，高宽比不宜小于 3。

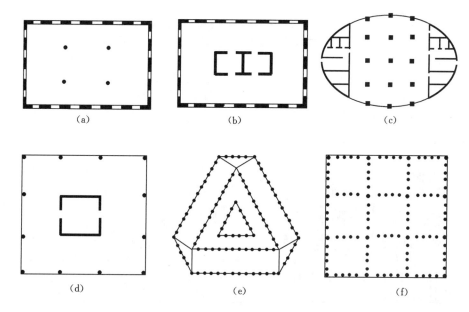

图 13.24　筒体结构平面布置

(a) 框筒结构；(b) 筒中筒结构；(c) 框架—端筒结构；(d) 框架—核心筒结构；

(e) 多重筒结构；(f) 束筒结构

筒中筒结构的平面宜选用圆形、正多边形、椭圆形或矩形等，内筒宜居中。矩形平面的长宽比不宜大于 2。内筒的宽度可为高度的 1/12～1/15，如有另外的角筒或剪力墙时，内筒平面尺寸可适当减小。内筒宜贯穿建筑物全高，竖向刚度宜均匀变化。三角形平面宜切角，外筒的切角长度不宜小于相应边长的 1/8，其角部可设置较大的角柱或角筒；内筒的切角长度不宜小于相应边长的 1/10，切角处的筒壁宜适当加厚。

外框筒应符合下列规定：

(1) 柱距不宜大于 4m，框筒柱的截面长边应沿筒壁方向布置，必要时可采用 T 形截面。

(2) 洞口面积不宜大于墙面面积的 60%，洞口高宽比宜与层高和柱距之比值相近。

(3) 外框筒梁的截面高度可取柱净距的 1/4。

(4) 角柱截面面积可取中柱的 1～2 倍。

筒中筒结构的内筒的外墙与外框柱间的中距，非抗震设计大于 15m、抗震设计大于 12m 时，宜采取增设内柱等措施。内筒中剪力墙截面形状宜简单，且墙肢宜均匀、对称布置，内筒角部附近不宜开洞；内筒的外墙不宜在水平方向连续开洞，洞间墙肢的截面高度不宜小于 1.2m。

框筒结构或筒中筒结构的外筒柱距较密，常常不能满足建筑使用上的要求。为扩大底层出入洞口，减少底层柱子的数目，有时用巨大的拱、梁或桁架等支撑上部的柱子，如图 13.25 所示。

3. 框架—端筒结构

在高层建筑楼面的中间区域要求具有较大建筑空间时，往往将楼梯、电梯、管道、线

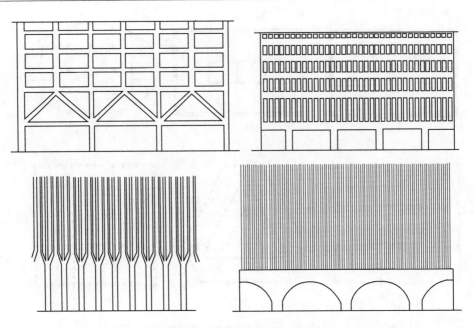

图 13.25　筒体结构底部柱的转换

路以及有些服务设施用房集中布置在房屋的两端，这种建筑平面布置的特点就决定了框架布置在中间，而钢筋混凝土筒体布置在两端，这样就构成了框架—端筒结构，如图 13.24（c）所示。

框架—端筒结构中的筒体多为钢筋混凝土剪力墙，所以框架—端筒结构也是框架—剪力墙结构的一种特殊情形。框架—端筒结构的受力及变形特点与框架—剪力墙结构基本相似，它们所不同的是，框架—端筒结构由于筒体具有较宽的翼缘，其抗弯刚度和承载能力比平面墙体大得多。

4. 框架—核心筒结构

筒中筒结构外部柱距较密，常不能满足建筑设计中的要求。有时建筑布置上要求外部柱距在 4～5m 左右或更大，这时，周边柱已不能形成筒的工作状态，而相当于空间框架的作用，称为框架—核心筒结构，如图 13.24（d）所示。

核心筒应贯通建筑物全高。核心筒的宽度不宜小于筒体总高的 1/12，当筒体结构设置角筒、剪力墙或增强结构整体刚度的构件时，核心筒的宽度可适当减小。框架—核心筒结构的周边柱间必须设置框架梁。核心筒与框架之间的楼盖宜采用梁板体系，部分楼层采用平板体系时应有加强措施。对建筑高度不超过 60m 的框架—核心筒结构，可按框架—剪力墙结构设计。

核心筒的外墙与外框柱间的中距，非抗震设计大于 15m、抗震设计大于 12m 时，宜采取增设内柱等措施。核心筒中剪力墙截面形状应简单，且墙肢宜均匀、对称布置，内筒角部附近不宜开洞；核心筒的外墙不宜在水平方向连续开洞，洞间墙肢的截面高度不宜小于 1.2m。

5. 多重筒结构

当建筑物平面尺寸很大或当内筒较小时，内外筒之间的距离较大，即楼盖结构的跨度变大，这样势必会增加楼板厚度或楼面梁的高度，为降低楼盖结构的高度，可在筒中筒结构的内外筒之间增设一圈柱或剪力墙，将这些柱或剪力墙连接起来形成一个筒的作用，则可认为由 3 个筒共同工作来抵抗侧向荷载，称为三重筒结构，如图 13.24 （e）所示。

6. 束筒结构

当建筑物高度或其平面尺寸进一步加大，以至于框筒结构或筒中筒结构可以看成若干个框筒结构的组合，它可以有效地减少外筒翼缘框架中的剪力滞后效应，使内筒或内部柱充分发挥作用，如图 13.24 （f）所示。

13.7 巨 型 框 架 结 构

高层建筑中，通常每隔一定的层数就有一个设备层，布置水箱、空调、电梯机房或安置一些其他设备，这些设备层在立面上一般没有或很少有布置门窗洞口的要求。因此，可利用设备层的高度，布置一些强度和刚度都很大的水平构件（桁架或钢筋混凝土大梁），即形成水平加强层的作用。这些水平构件既连接建筑物四周的柱子，又连接核心筒，可约束周边框架及核心筒的变形，减少结构在水平荷载作用下的侧移量，并使各竖向构件在温度作用下的变形趋于均匀。这些大梁或大型桁架如与布置在建筑物四周的大型柱或钢筋混凝土井筒连接，便形成具有强大的抗侧刚度的巨型框架结构，如图 13.26 所示。

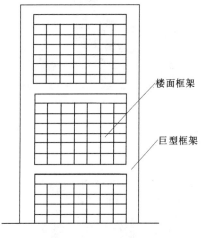

楼面框架

巨型框架

图 13.26 巨型框架结构

13.8 工 程 实 例

1. 巴塞罗那波尔塔菲拉酒店

图 13.27 为位于西班牙巴塞罗那的波尔塔菲拉酒店，其建筑平面为接近圆形的曲面，主楼高 110m，地上 27 层。采用现浇钢筋混凝土剪力墙结构，除在核心内筒布置剪力墙外，还沿放射方向布置有剪力墙。

2. 上海扬子江大酒店

图 13.28 为位于上海的扬子江大酒店，主楼建筑面积为 28355m²，主楼地上 36 层，地下 1 层，建筑高度地面以上为 124m。主楼采用现浇钢筋混凝土框架—剪力墙结构。楼盖为肋梁楼盖结构。主楼中心由 6 部钢筋混凝土电梯井道构成核心剪力墙，直落至地下室基础承台。以核心剪力墙为中心，沿十字形平面均匀布置剪力墙。核心剪力墙、剪力墙、框架柱共同组成框架—剪力墙体系。刚度中心与楼层的质量中心十分接近。

（a）

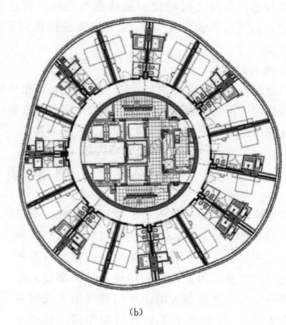
（b）

图 13.27　巴塞罗那波尔塔菲拉酒店

（a）外貌；（b）平面图

（a）

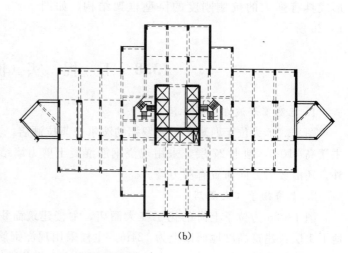
（b）

图 13.28　上海扬子江大酒店

（a）外貌；（b）平面图

3. 上海新民晚报大厦

图 13.29 为位于上海延安中路的新民晚报大厦，1991 年建成，建筑平面为切角的正方形，总高为 80.4m。结构形式为框架—端筒结构，平面四角为四个由钢筋混凝土剪力墙围成的切角矩形端筒，其他为钢筋混凝土柱，楼盖采用钢筋混凝土板柱体系。

（a）

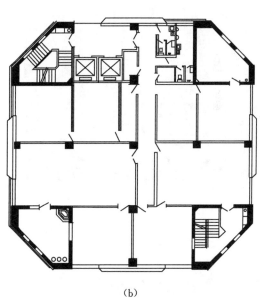

（b）

图 13.29　上海新民晚报大厦

（a）外貌；（b）平面图

4. 吉隆坡国家石油公司大厦

图 13.30 为位于马来西亚吉隆坡的国家石油公司大厦，1998 年建成，主楼高 452m，88 层，大厦由两栋塔楼组成，在 170m 高度处有天桥相连，每座塔楼的平面为 50m 直径的圆形。大厦采用框架—核心筒结构，由 23m×23m 钢筋混凝土核心筒内筒和钢筋混凝土圆柱外框架组成。

5. 芝加哥西尔斯大厦

图 13.31 为建于 1974 年的美国芝加哥西尔斯大厦，建筑平面为 68.7m×68.7m，主楼高 443m，共 110 层。大楼具有购物、宴会、娱乐等多项功能。大厦采用由 9 个标准方筒组成的束筒结构，在不同的标高处中断部分单元筒，其中 1～49 层为 9 个筒，50～65 层去掉 2 个筒为 7 个筒，66～89 层去掉 2 个筒为 5 个筒，90～110 层去掉 3 个筒为 2 个筒。

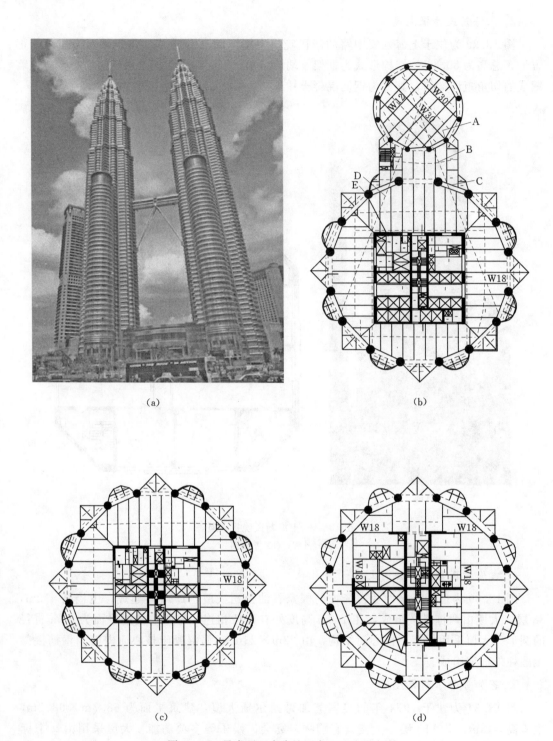

图 13.30　马来西亚吉隆坡国家石油公司大厦
(a) 外貌；(b) 1～44 层平面图；(c) 44～60 层平面图；(d) 60 层以上平面图

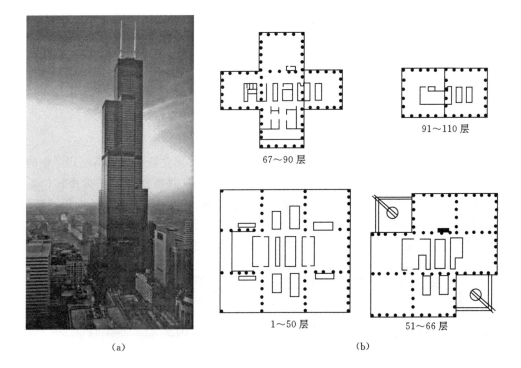

图 13.31 芝加哥西尔斯大厦

（a）外貌；（b）平面图

思 考 题

13.1 混合结构房屋墙体承重体系主要有哪几种？

13.2 多层及高层建筑结构有哪几种主要结构形式？

13.3 框架结构房屋的承重框架有哪几种布置形式？

13.4 剪力墙按墙体开洞大小分为哪几类？

13.5 剪力墙在建筑平面布置的原则有哪些？

13.6 框架—剪力墙结构中剪力墙的布置应遵循什么原则？

13.7 框筒结构与框架—核心筒结构有何区别？

第14章 楼 梯 结 构

14.1 概　述

楼梯是建筑物的竖向通道，其主要功能是通行和疏散，它是多层及高层房屋中的重要组成部分。楼梯的建筑形式主要有直上楼梯、曲尺楼梯、双折楼梯、三折楼梯、弧形楼梯、螺旋板式楼梯、有中柱的盘旋式楼梯、剪刀式楼梯、交叉式楼梯和悬挑板式楼梯等，如图 14.1 所示。按结构形式分类可分为板式、梁式、悬挑式、螺旋式。楼梯一般采用钢筋混凝土结构，按施工方法可分为整体式、装配式及装配整体式。

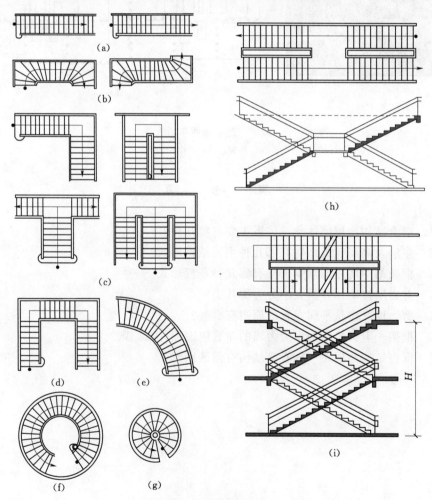

图 14.1　楼梯的建筑形式

（a）直上楼梯；（b）曲尺楼梯；（c）双折楼梯；（d）三折楼梯；（e）弧形楼梯；（f）螺旋板式楼梯；

（g）有中柱的盘旋式楼梯；（h）剪刀式楼梯；（i）交叉式楼梯

14.2 板 式 楼 梯

板式楼梯由梯段板、平台板和平台梁组成，如图14.2所示。梯段板是斜放的齿形板，支承在平台梁上和楼层梁上，底层下段一般支承在地垄梁上。板式楼梯的优点是楼梯板底面平整，施工支模较方便，外形轻巧美观。缺点是斜板较厚，约为梯段板水平长度的1/25～1/30，当跨度较大时，混凝土及钢材用量较多，自重较大。一般适用于梯段板水平投影长度不超过3m时。

当梯段板的水平投影长度较小，而楼梯下净高不够时，可将支承梯段斜板的楼层梁向内移动或将平台梁取消，这样板式楼梯的梯段板为一折板，如图14.3所示。

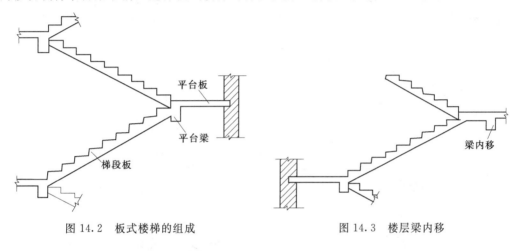

图 14.2　板式楼梯的组成　　　　　图 14.3　楼层梁内移

14.3 梁 式 楼 梯

梁式楼梯是指楼梯梯段做成梁式结构的楼梯。梁式楼梯由踏步板、斜梁、平台板和平台梁组成，其踏步板支承在斜梁上，斜梁支承在平台梁上，如图14.4所示。

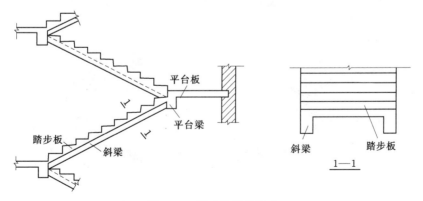

图 14.4　梁式楼梯的组成

斜梁的布置有两种：一种是在踏步板的两侧布置斜梁；另一种是在踏步板宽度的中央布置道斜梁，用于楼梯不宽、荷载不大的情况。

当梯段板的水平投影长度大于 3m 时，宜采用梁式楼梯。这样可减小踏步板厚度，达到节约材料的目的，比较经济。其缺点是模板比较复杂，当斜梁尺寸较大时，造型显得笨重，不如板式楼梯显得轻巧美观。有时考虑美观等要求可把斜梁上翻，也可减小斜梁厚度，并将斜梁的一部分作为栏板。

14.4 悬 挑 式 楼 梯

悬挑式楼梯分为悬挑板式楼梯和预制悬臂式楼梯两种。

悬挑板式楼梯的梯段板及休息平台均为悬挑构件，它必须有可靠的支座来支撑。多用于居住建筑中人流不多的楼梯或次要楼梯。由于其形式新颖、轻巧，有很好的建筑艺术效果，在影剧院等公共建筑中经常使用。悬挑板式楼梯大多是两跑的，也有三跑和四跑的。

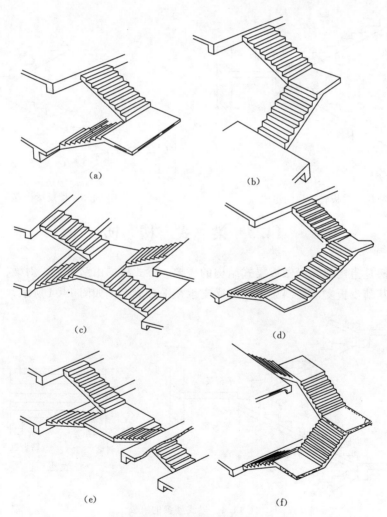

图 14.5 悬挑板式楼梯

(a) 双跑剪刀式楼梯；(b) 双跑直角式楼梯；(c) 对称的交叉式楼梯；(d) 三跑直角式楼梯；

(e) 反对称的交叉式楼梯；(f) 四跑直角式楼梯

当相邻的上、下楼梯跑位于平台板的同一边时，形
如剪刀，又称剪刀式楼梯，如图14.5所示。悬挑
板式楼梯在进行结构分析时，可取一层楼的两个斜
梯段和休息平台作为计算单元，计算简图可视为空
间框架。它的内力除弯矩、剪力外还有扭矩。

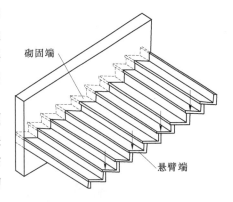

预制悬臂式楼梯是随楼梯间侧墙的砌筑而将预
制的单块L形踏步板一端砌固在砖墙内，并一块
搭一块地构成楼梯段，踏步板与踏步板之间坐浆粘
合，平台板多采用预制板，如图14.6所示。结构
设计时可将每个踏步板作为一个悬臂构件来计算。

图14.6 预制悬挑板式臂式楼梯

预制悬臂式楼梯多用于非抗震地区住宅、宿舍、学
校、办公等中小型装配式楼盖建筑中，因其整体性较差，在抗震地区不宜采用。

14.5 螺 旋 式 楼 梯

螺旋式楼梯分为螺旋板式楼梯和有中柱的盘旋式楼梯两种。

螺旋板式楼梯外形美观新颖，既满足功能要求，又丰富了建筑造型，故在许多高级民
用建筑及剧院、宾馆、展览厅等大型公共建筑中多有采用，它以优美的曲线体型获得了很
好的建筑艺术效果，如图14.7所示。

(a)

(b)

图14.7 螺旋板式楼梯
(a) 浙江省杭州市浙江科技学院食堂螺旋楼梯；(b) 巴黎卢浮宫玻璃金字塔入口螺旋楼梯

螺旋板式楼梯在大多数情况下是用钢筋混凝土现场浇捣形成的空间曲板。它的平面投
影通常是圆形，但也可以是椭圆形。结构形式上有梁式和板式之分，梁式亦多做成单梁
式，用于梯宽不宽、轻巧的小型楼梯，梁可设在中轴线处，也可设在荷载作用线的位置。
从旋转方向上又可分为左旋转（顺时针旋转）和右旋转（逆时针旋转）。平面布置上可以

有不同旋转半径相结合、左右旋相结合、带有部分直线段以及带有中间休息平台等各种类型。

螺旋板式楼梯是多次超静定结构，其内力计算比较复杂，计算简图是把楼梯的中轴线视为杆件计算轴线的单跨空间曲梁。

有中柱的盘旋楼梯常用于别墅及公共建筑的塔楼中，如图 14.8 所示。这种楼梯具有特殊的空间效果，且占用面积小，故对于狭窄空间是很合适的。踏步板通常是预制的钢筋混凝土板，为一端固定于中心立柱上的悬挑构件，如图 14.9 所示。中柱大都是现浇钢筋混凝土圆柱，也可以是在钢管内浇混凝土。

图 14.8　有中柱的盘旋楼梯

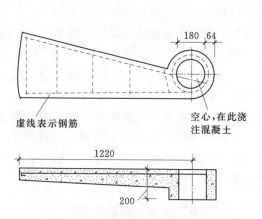

图 14.9　有中柱的盘旋楼梯预制踏步板

思　考　题

14.1　楼梯分为哪几种结构形式？

14.2　板式楼梯和梁式楼梯有何区别？

14.3　螺旋板式楼梯有什么特点？

参 考 文 献

［1］ GB 50011—2010　建筑抗震设计规范［S］. 北京：中国建筑工业出版社，2010.

［2］ GB 50010—2010　混凝土结构设计规范［S］. 北京：中国建筑工业出版社，2011.

［3］ GB 50003—2001　砌体结构设计规范［S］. 北京：中国建筑工业出版社，2002.

［4］ JGJ 3—2010　高层建筑混凝土结构技术规程［S］. 北京：中国建筑工业出版社，2011.

［5］ JGJ 61—2003　网壳结构技术规程［S］. 北京：中国建筑工业出版社，2003.

［6］ JGJ/T 22—98　钢筋混凝土薄壳结构设计规程［S］. 北京：中国建筑工业出版社，1998.

［7］ 张建荣. 建筑结构选型［M］. 北京：中国建筑工业出版社，1999.

［8］ 叶献国. 建筑结构选型概论［M］. 武汉：武汉理工大学出版社，2003.

［9］ 许晟. 建筑结构选型［M］. 北京：机械工业出版社，2009.

［10］ 罗福午. 建筑结构［M］. 武汉：武汉理工大学出版社，2005.

［11］ 虞季森. 中大跨建筑结构体系及选型［M］. 北京：中国建筑工业出版社，1990.

［12］ 王心田. 高向玲，蔡惠菊，等. 建筑结构：概念与设计［M］. 天津：天津大学出版社，2004.

［13］ 完海鹰，黄炳生. 大跨空间结构［M］. 北京：中国建筑工业出版社，2000.

［14］ 陈章洪. 建筑结构选型手册［M］. 北京：中国建筑工业出版社，2000.

［15］ 肖炽，马少华，王伟成. 空间结构设计与施工［M］. 南京：东南大学出版社，1993.

［16］ 王心田. 建筑结构体系与选型［M］. 上海：同济大学出版社，2003.

［17］ 陈保胜. 建筑结构选型［M］. 上海：同济大学出版社，2008.

［18］ 戚豹. 建筑结构选型［M］. 北京：中国建筑工业出版社，2007.

［19］ 马克俭，张华刚，郑涛. 新型建筑空间网格结构理论与实践［M］. 北京：人民交通出版社，2006.

［20］ 程文瀼，颜德姮，康谷贻. 混凝土结构［M］. 北京：中国建筑工业出版社，2002.

［21］ 黄真，林少培. 现代结构设计的概念与方法［M］. 北京：中国建筑工业出版社，2010.

［22］ 计学闰，王力. 结构概念和体系［M］. 北京：高等教育出版社，2004.

［23］ 布正伟. 结构构思论——现代建筑创作结构运用的思路与技巧［M］. 北京：机械工业出版社，2006.

［24］ 程文瀼. 楼梯、阳台和雨篷设计［M］. 南京：东南大学出版社，1993.

［25］ 清华大学建筑系. 国外建筑实例图集. 剧场［M］. 北京：中国建筑工业出版社，1982.

［26］ 上海市建设委员会科学技术委员会. 上海八十年代高层建筑结构设计［M］. 上海：上海科学普及出版社，1994.

［27］ （美）Virginia Fairweather. 大型建筑的结构表现技术［M］. 段智军，赵娜冬译. 北京：中国建筑工业出版社，2008.

［28］ 林同炎，S. D. 思多台斯伯利. 结构概念和体系［M］. 王传志，等译. 北京：中国建筑工业出版社，1985.

［29］ 刘健行，周德礼，李家宝. 建筑师与结构［M］. 北京：中国建筑工业出版社，1983.

［30］ Andrew W. Charleson. 建筑中的结构思维［M］. 李凯，边东洋译. 北京：机械工业出版社，2008.

［31］ 哈里斯，李凯文．桅杆结构建筑［M］．钱稼茹，陈勤，纪晓东译．北京：中国建筑工业出版社，2009．

［32］ 西格尔．现代建筑的结构与造型［M］．成茵犀译．北京：中国建筑工业出版社，1981．

［33］ 霍朗明建筑设计事务所．法兰克福商业银行总部大厦，德国［J］．世界建筑，1997（2）：36－38．

［34］ 马嵘，干惟．混凝土结构设计原理［M］．北京：中国水利水电出版社，2008．

［35］ 干惟，马嵘．混凝土建筑结构设计［M］．北京：中国水利水电出版社，2008．

［36］ 张毅刚，薛素铎，杨庆山，等．大跨空间结构［M］．北京：机械工业出版社，2005．

［37］ 徐至均，赵锡宏，陈祥福，等．超高层建筑结构设计与施工［M］．北京：机械工业出版社，2007．

［38］ 大师系列丛书编辑部．圣地亚哥·卡拉特拉瓦的作品与思想［M］．北京：中国电力出版社，2006．